수학과
그림
사이

수학과
그림
사이

수의 역사부터 함수까지,
그림이 들려주는
수학 이야기

홍채영 지음

궁리
KungRee

머
리
말

    수학사 책 한 권은 꼭 쓰고 싶다는 저의 오랜 꿈이 이루어지는 순간입니다. 이 책의 시작은 어쩌면 저에게 남아 있던 숙제를 하는 것이기도 했습니다. 대학에서 수학을 전공했다는 이유 하나만으로 저는 사람들에게 끊임없이 질문을 받았습니다. "수학 공부를 편하고 쉽게, 그리고 잘할 수 있는 방법이 뭐예요?" 중고등학생이나 자녀가 있는 분들에게 이런 질문을 받을 때마다 열심히 하면 된다는 말 외엔 어떤 이야기도 해주지 못했습니다. 저 역시 수학이 왜 좋은지, 재미있는지 정확히 몰랐으니까요. 결국 수학이 무엇인지, 배워서 무엇을 할 수 있을지 답할 수 없었던 저는 학사를 마치고 전공을 바꾸기까지 했지요.

    그래서였을까요? 마치 풀다 만 문제처럼 그 답을 찾는 일은 제게 해야 할 숙제로 오랫동안 남아 있었습니다. 이후 새롭게 시작한 미술사 공부를 통해 '역사'라고 하는 것을 다양한 시각에서 볼 수 있으며, 봐야만 한다는 인식을 하게 되었고 그 깨달음은 수학이 무엇인지에 대한 답을 수학사에서 찾을 수 있겠다는 생각으로까지 확장되었습니다. 그때부터였던 것 같습니다. 수학사 책을 쓰고 싶다는 꿈을 꾸기 시작한 것이.

학위가 끝나자마자 본격적으로 수학사를 공부하기 시작했고 저의 생각이 틀리지 않았다는 것을 알게 되었죠. 무엇보다 중·고등학교를 다닐 때에 이런 것들을 알았더라면 얼마나 좋았을까 싶은 내용들이 많았습니다. 게다가 주변을 보니 많은 아이들이 너무 어릴 때부터 수학 공부를 시작하고 선행학습을 지나치게 하고 있었습니다. 그러면서 미처 '수학'이 재미있다는 것을 느껴볼 새도 없이 문제 풀이에 지쳐 가장 싫어하는 과목이 수학이 되어버리거나 정작 열심히 해야 할 고등학교 때쯤에는 아예 포기해 버리는 일이 다반사였습니다. 안타까웠지요.

그래서 최소한 초·중·고등학교를 다니는 12년 동안 한 번쯤은 문제를 푸는 수학이 아닌 수학이 무엇인지, 왜 해야만 하는 과목인지를 수학사를 통해 생각해 볼 수 있는 기회를 주고 싶었습니다. 특히 학교 공부에도 도움이 되었으면 해서 수학 교과서를 중심으로 꼭 필요한 수학사 내용만을 정리했습니다. 거기에 조금이라도 재미있고 편하게 읽을 수 있도록 최대한 수식은 빼고 그림 이야기들을 안내자로 삼았습니다. 독자 분들이 책을 읽어가면서 더 찾아보고 싶은 것들을 많이 만나게 되었으면 합니다.

　　수학은 인류의 삶과 함께 시작되어 수천 년 동안 발전해왔습니다. 아무리 기초만 배운다지만 고작 초·중·고등학교 12년 동안 다루기에는 결코 적은 분량이 아닙니다. 누구에게라도 수학을 공부하는 것은 쉽지 않은 여정이지요. 더구나 여러분이 지금 배우고 있는 수학은 수많은 사람들의 노력이 더해져 만들어졌으니 말이에요. 여기서, 잠시 지금까지의 이야기를 달리 생각해 볼까요? 만약 이런 이들의 노력이 없었다면 어땠을까요? 만약 그랬다면 수학을 더 어렵고 힘들게 공부하지는 않았을까요? 이렇게 생각하면 지금 하는 수학 공부가 가장 쉬운 것인지도 모릅니다.

　　오랜 역사가 쌓여 이루어진 수학을 누구든 하루아침에 공부하지는 못합니다. 그래서 수학 공부는 마라톤과 같이 페이스를 조절해가면서 해야만 끝까지 할 수 있습니다. 날마다 배우고 공부한 것을 하루하루 계속 쌓아가야 하지요.

　　책에는 중·고등학교 교과서 목차도 함께 실었습니다. 각 단원의 전체적인 목차는 어떤 내용을 어느 정도까지 배워야 하며 그 내용들이 계속 연결되어 있다는 것을 보여줄 것입니다. 책을 읽는 독자들은 수학 공부만큼은 지금 해야 할 것들을 하지 않으면 갈수록 어려워진다는 것을 분명하게 알 수 있을 겁니다. 그때그때 배운 것들을 충분히 복습하면서 꾸준히 하는 것만큼 수학을 재밌고 쉽게 공부하는 방법도 없답니다. 이 책은 이렇게 예전의 제가 미처 답하지 못한 질문에 대한 답을 충실하게 담은 기록입니다. 모쪼록 이 책이 독자 분들에게 수학을 새롭게 보게 하는 작은 기회가 되었으면 좋겠습니다.

책이 나오기까지 도움을 받은 분들이 많습니다. 나의 어머니, 형제자매들 그리고 이런저런 조언과 격려를 아끼지 않은 동료, 친구들 모두에게 고마움을 전합니다. 책을 쓰기까지 많은 문헌과 선행 연구자들의 도움을 받았습니다. 또한 최대한 간단하게 설명하려다 보니 빠질 수밖에 없었던 수많은 수학자들에게도 미안함과 고마움을 전합니다. 마지막으로 제 글을 책으로 엮어주신 김주희 편집자님을 비롯한 궁리출판에 깊은 감사를 드립니다.

자, 이제 그림이 들려주는 수학의 역사 속으로 들어가 볼까요?

2018년 2월

홍채영

머리말

차례

1

외눈박이 거인 폴리페모스, 수학사의 문을 열다

: 수의 역사

작자 미상,
아티카식 암포라,
아티카의 엘레시우스 지역 무덤에서 발굴,
B.C. 675~B.C. 650년,
높이 142cm

기원전 7세기 도자기 그림(도기화)으로 이 책의 문을 열겠습니다. 이 도자기는 고대 그리스, 로마 시대에 쓰던 '암포라'라고 하는 항아리입니다. 원래 말린 곡식을 담아두는 그릇으로 쓰였지만 때때로 시체를 담는 관으로도 쓰였다고 하지요. 우리나라에도 큰 항아리에 시체를 묻는 옹관묘가 있었는데 각 나라마다 비슷한 풍습이 있었던 것 같습니다. 그런데 도자기에 가득 새겨진 그림은 무엇을 나타낸 것일까요? 그리스 신화 이야기입니다.

　상단의 목 부분을 주목해서 볼까요? 한 남자가 커다란 창으로 술잔을 든 거인의 눈을 찌르고 있는 순간이 그려져 있네요. 바로 그리스 신화 속 영웅, 오디세우스입니다. 그가 외눈박이 거인 폴리페모스의 남은 한쪽 눈을 찔러 장님으로 만들고 탈출을 시도하려고 합니다. 『오디세이아』⌛의 한 장면이지요. 앉아서 창에 찔리는 폴리페모스의 모습이 '거인'으로 시각적으로 나타나 있고, 서서 달려드는 오디세우

⌛ '오디세우스의 노래'라는 뜻으로 고대 그리스 시인 호메로스의 작품으로 전해지는 대서사시. 주 내용은 트로이 전쟁에서 승리한 오디세우스의 10년 동안의 해상 표류의 모험과 귀국에 관한 이야기입니다.

스와 그 일행의 모습이 굉장히 박진감 넘치게 표현되어 있습니다.

그리스인들은 술을 즐겼지만 취하게 마시는 것은 꺼려해서 항상 물과 섞어 마셨다고 합니다. 그래서 포도주와 물을 함께 담을 수 있는 다양한 도기를 만들어 사용했는데요, 비어 있는 도기 표면을 그냥 두기가 어쩐지 허전했을까요? 장식을 하기 시작했는데 초기 도기화에는 기하학적 무늬가, 다음으로는 신화 속의 신과 영웅들이, 이후에는 전쟁이나 잔치 등 일상생활이 소재로 등장하게 됩니다.

왜 이렇게 소재가 바뀌었을까요? 기원전 7세기 무렵 그리스에는 호메로스(Homeros)의 『일리아스』와 『오디세이아』, 헤시오도스(Hesiodos)의 『신들의 계보』 등과 같은 그리스 신화를 소재로 한 문학 작품들이 많이 발표되었습니다. 아마도 그 영향이 도기화에까지 미친 것으로 보입니다. 한 시대의 '유행'이 사회의 다방면에 퍼지는 모습은 고대나 현재나 별반 다르지 않았지요.

도기화는 처음에 단순한 기하학적 문양에서 신화 이야기를 실감나게 표현하기 위해 흑색상※, 적색상※※ 등의 다양한 기법을 개발해서 마치 종이에 그린 듯 정교하게 그려질 정도로 발전합니다. 이런 도기화는 종이나 벽화 등에 그려진 그림이 사라진 현재 그리스의 회화 수준을 알 수 있는 중요한 유물이기도 합니다.

※ 인물 그림들이 뚜렷하게 보이도록 그림을 그린 새김선을 따라 검은색 물감을 주입해 윤곽선을 뚜렷하게 만든 기법.
※※ 검은색으로 그리는 대신 인물들을 자연 그대로의 점토색으로 남겨두고 바탕을 검은색으로 칠하는 기법.

1. 외눈박이 거인 폴리페모스, 수학사의 문을 열다

· 그리스 도자기의 대표적인 모양과 용도 ·

크라테르   카일릭스   오이노코에

암포라   하이드리아   레키토스

① 물과 포도주를 섞을 수 있도록 만들어진 주둥이가 큰 사발인 크라테르(krater)
② 우아한 컵 모양으로 술잔이나 물잔 용도의 카일릭스(kylix)
③ 술이나 물을 따를 때 쓰는 주전자 모양의 오이노코에(oinochoe)
④ 술과 올리브기름, 혹은 말린 것들을 담아두는 용도로 양쪽에 손잡이가 달린 암포라
   (amphora)
⑤ 물병으로 사용한 하이드리아(hydria)
⑥ 죽은 이에게 바치는 올리브기름을 담던 목이 긴 도자기인 레키토스(lekythos)

수학사의 시작

  이 암포라 도자기에 등장한 외눈박이 거인 폴리페모스, 그가 인류 최초로 수 세기를 했던 사람을 상징한다는 것을 아시나요? 어떻게 된 일인지 오디세우스와 거인 폴리페모스가 얽힌 이야기를 간단히 알아볼까요?

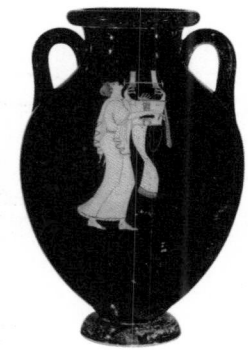

왼쪽 ➡ 작자 미상, 기하학적 양식의 암포라, B.C. 750년경, 디필론 공동묘지에서 발굴
가운데 ➡ 작자 미상, 〈아테나가 있는 판아테나이아〉, 흑화식 암포라, B.C. 530년경
오른쪽 ➡ 작자 미상, 〈키타라를 연주하는 젊은이〉, 적화식 암포라, B.C. 490년경

　　트로이 전쟁을 끝내고 귀향하던 오디세우스 일행은 폭풍에 떠밀
려 우연히 외눈박이 거인 폴리페모스가 살고 있던 섬에 들르게 됩니
다. 그들은 그저 먹을 식량과 물만 좀 구해서 돌아갈 생각이었는데
폴리페모스가 오디세우스와 일행을 가두고 잡아먹으려고 합니다.

⏳ 그리스 신화에서 전사 펠레우스와 바다의 여신 테티스의 결혼식에 많은 신들을 초대했는데 초
대받지 못한 전쟁과 복수의 여신 에리니스(Erinyes)가 화가 나서 결혼식장에 '가장 아름다운 여
성에게'라는 글을 새겨 넣은 황금 사과를 던지고 갑니다. 이를 갖겠다고 세 여인, 헤라, 아테나
그리고 아프로디테가 싸우다가 제우스에게 판결을 맡깁니다. 그러나 누구의 편도 들 수 없던
제우스는 트로이의 왕자 파리스에게 판정을 부탁했습니다. 그때 헤라는 '한없는 힘'을, 아테나
는 '지혜'를 그리고 아프로디테는 '최고의 미녀'를 주겠다고 파리스에게 약속했습니다. 파리스
가 아프로디테에게 사과를 주게 되면서 그는 세상에서 가장 아름다운 스파르타의 왕비 헬레네
의 사랑을 얻게 됩니다. 한편 하루아침에 갑자기 아내를 빼앗긴 메넬라오스는 형 아가멤논과 함
께 트로이 원정길에 나서면서 그 유명한 트로이 전쟁이 시작되었습니다. 이 전쟁이 무려 10년
이 넘도록 지속되는데 마침내 오디세우스의 계략으로 그 유명한 트로이 목마를 이용해 성안으
로 침입하여 그리스의 승리로 끝이 납니다.

1. 외눈박이 거인 폴리페모스, 수학사의 문을 열다

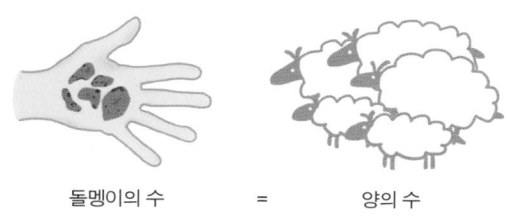

돌멩이의 수 = 양의 수

일대일 대응법

이에 오디세우스가 꾀를 내어 폴리페모스의 남은 한쪽 눈을 찌르고 탈출에 성공을 합니다. 하지만 바다의 신 포세이돈의 아들이었던 폴리페모스, 결국 오디세우스는 포세이돈의 노여움으로 이후 10년 동안 고향으로 가지 못하고 바다 위에서 떠돌아다니게 되지요. 그리고 장님이 된 폴리페모스는 섬에 그대로 남아 동굴에서 양떼를 키우면서 살았다는 내용입니다.

그런데 장님이 된 폴리페모스는 볼 수 없었기 때문에 아침에 동굴 입구에 앉아 양들이 한 마리씩 동굴에서 나올 때마다 조약돌 한 개씩을 동굴 밖에 놓았다가 저녁에 다시 양들이 돌아오면 밖에 둔 조약돌을 한 개씩 동굴 안으로 들여놓는 식으로 자신의 양떼 숫자를 확인했습니다. 폴리페모스가 자신의 양떼를 확인했던 이 방법이 바로 일대일 대응으로 수를 세는 인류 최초의 기록이 된 것입니다.[1] 이렇게 수학사의 문은 전혀 예상하지 못한 곳에서 열리게 됩니다. 그렇다면 이렇게 시작된 수 세기는 어떤 변화를 거쳐 수학 공통어인 지금의 인도-아라비아 숫자가 되었을까요?

숫자의 역사

　세는 것, 그리고 그리는 것은 필요에 의한, 인간의 본능에 가까운 재능이었던 것 같습니다. 문자는 기원전 3000년경 무렵부터 만들어지기 시작하는데 수 세기는 그보다 훨씬 이전부터 이루어졌지요. 세는 것은 손가락을 시작으로 폴리페모스처럼 돌멩이나 나뭇가지 등을 이용하다가 나무 막대기나 뼈 등에 선으로 그리는 방법으로 발전합니다. 대표적인 유물로는 1960년대 적도 부근 아프리카 중부지역에서 발견된 이상고 뼈입니다. 어떤 동물의 뼈에 눈금이 여러 개 그려져 있는데 기원전 2만 년경 구석기인들이 수를 센 기록으로 추정

· 원시인들의 신체를 이용한 수 세기 ·

① ~ ⑤ 　오른쪽 새끼손가락부터 엄지손가락까지
⑥　　　오른쪽 손목
⑦　　　오른쪽 팔꿈치
⑧　　　오른쪽 어깨
⑨　　　오른쪽 귀
⑩　　　오른쪽 눈
⑪　　　왼쪽 눈
⑫　　　코
⑬　　　입
⑭　　　왼쪽 귀
⑮　　　왼쪽 어깨
⑯　　　왼쪽 팔꿈치
⑰　　　왼쪽 손목
⑱ ~ ㉒ 왼쪽 엄지손가락부터 새끼손가락까지

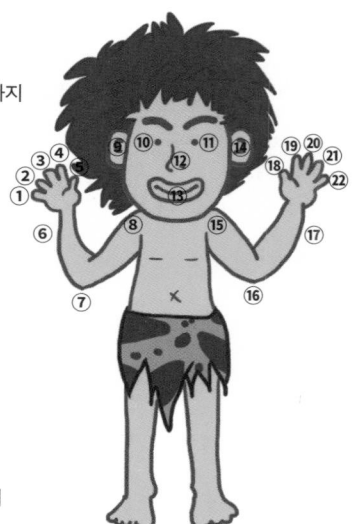

1. 외눈박이 거인 폴리페모스, 수학사의 문을 열다

하고 있습니다.

숫자는 대부분 문자가 만들어지면 서 함께 등장했답니다. 마치 문자의 부속품처럼 말이지요. 그래서 문자의 수만큼이나 숫자도 각 지역마다 다양 한 모양으로 만들어지는데 이 책에 서는 알려져 있는 대표적인 숫자들을 몇 가지 살펴보기로 할게요.

이상고 뼈

가장 먼저 등장한 숫자는 이집트 숫자로 약 기원전 3000년 즈음 물건의 모습을 본 따 그린 상형문자입니다.

막대기 또는 한 획	뒤꿈치 뼈	감긴 밧줄	연꽃	가리키는 손가락	올챙이	놀란 사람 또는 신을 경배하는 모습
1	10	100	1,000	10,000	100,000	1,000,000

고대 이집트 숫자

이집트 생활에서 영향을 받아 만든 숫자이기 때문에 그들의 삶을 엿볼 수 있습니다. 100만은 깜짝 놀라는 사람의 모습이네요. 아마 이 숫자가 그만큼 당시 이집트에서는 들어보기 힘든 숫자가 아니었을 까 추측하게 됩니다. 그런데 이집트 숫자는 수가 커질수록 쓰는 것 도 쉽지 않았겠지만 너무 자리를 많이 차지해서 사용하기에는 좀 어려웠을 것 같지요?

두 번째는 기원전 6세기에 메소포타미아 문명에서 만들어진 숫자로 화살촉과 같은 모양의 쐐기문자입니다. 한자로는 설형문자(楔形文字)라고도 하는데 1과 10, 단 두 개의 기호로 모든 수를 표현했으며 60진법을 사용했습니다. 이집트 숫자보다는 훨씬 간단하고 편하게 쓸 수 있기는 했겠지만 여전히 큰 수를 표기하거나 계산을 할 때는 불편했을 것 같네요.

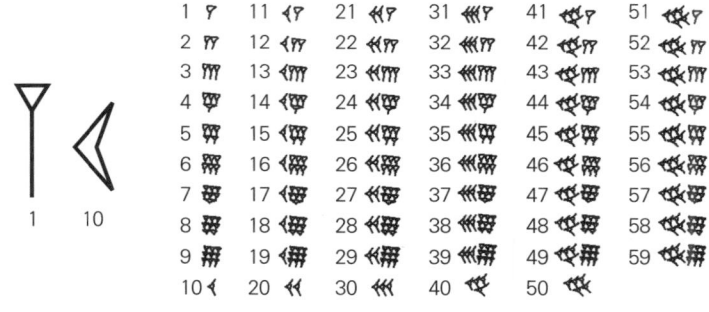

고대 메소포타미아 쐐기문자

세 번째로 소개하고 싶은 고대 숫자는 마야인들이 만든 숫자입니다. 기원전 3세기경부터 기원후 9세기까지 중앙아메리카의 과테말라 고지에서 유카탄 반도에 걸쳐 널리 쓰인 마야 문명의 숫자는 손가락과 발가락을 활용한 20진법으로 만들어졌습니다. 마야인들은 점과 막대기 그리고 0을 의미하는 조개모양의 기호, 이 세 가지로 모든 숫자를 표기했지요. 특히 여기에서 주목해야 할 것은 마야인들

1. 외눈박이 거인 폴리페모스, 수학사의 문을 열다

이 세계에서 처음으로 0(zero)의 개념을 이해하고 사용했다는 점입니다. 마야인들은 막대기와 점 표기법 대신 특정한 숫자와 연관이 있는 신들을 상징하는 그림으로 숫자를 나타내기도 했습니다. '두상 숫자'라 불린 이 숫자들은 도장으로 파놓고 사용한다면 모를까 숫자 하나 그리면 시간이 다 가버렸을 정도로 복잡했지요.

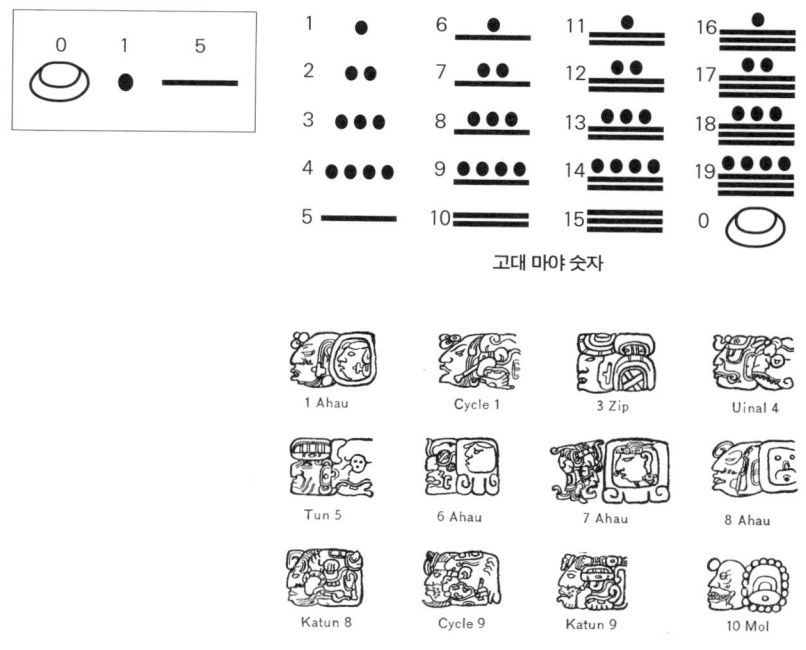

고대 마야 숫자

고대 마야의 두상숫자

네 번째로 만나볼 숫자는 기원전 5세기경에 만들어진 그리스 숫자로 아티카와 이오니아식 두 가지가 보편적으로 알려져 있습니다. 아티카식은 최초로 알파벳을 이용한 숫자로 각 수를 나타내는 글자의 첫 문자를 숫자로 대신하는 방법입니다. 예를 들면 10이라는 뜻의 Δεκα에서 앞 글자 Δ(델타)＝10으로 사용하는 것이죠. 몇 가지 예를 더 볼까요?

$$I=1, \Pi=5, \Delta=10, \Pi\Delta=50, H=100, X=1000, M=10000$$

이 아티카 숫자는 약 2세기 말이 되면 그리스에서 거의 사용하지 않았지만 로마 숫자에 큰 영향을 미칩니다. 우리에게 익숙한 그리스 숫자는 이오니아식입니다. 그리스 알파벳 24자와 함께 페니키아 문자에서 유래한 디감마(ϝ), 코파(ϙ), 삼피(ϡ)까지 더해 27개의 문자에 바(bar)를 붙여서 숫자로 사용한 것입니다. 즉, 아래의 문자 위에 바를 붙여 α̅, β̅처럼 써야 숫자가 된다는 사실!

Α, α	알파	1	Ι, ι	이오타	10	Ρ, ρ	로	100
Β, β	베타	2	Κ, κ	카파	20	Σ, σ	시그마	200
Γ, γ	감마	3	Λ, λ	람다	30	Τ, τ	타우	300
Δ, δ	델타	4	Μ, μ	뮤	40	Υ, υ	입실론	400
Ε, ε	엡실론	5	Ν, ν	뉴	50	Φ, φ	피	500
Ϝ, ϝ	디감마	6	Ξ, ξ	크시	60	Χ, χ	키	600
Ζ, ζ	제타	7	Ο, ο	오미크론	70	Ψ, ψ	프시	700
Η, η	에타	8	Π, π	파이	80	Ω, ω	오메가	800
Θ, θ	세타	9	Ϛ, ϙ	코파	90	ϡ, ϡ	삼피	900

다섯 번째로 소개할 로마 숫자는 그리스 아티카식 숫자와 라틴어의 영향을 받아 만들어집니다. 기본적으로 7개의 기호 I(1), V(5), X(10), L(50), C(100), D(500), M(1000)을 조합해서 0을 제외한 모든

1. 외눈박이 거인 폴리페모스, 수학사의 문을 열다

수를 만들 수 있는데, 문자 위에 줄을 그으면 그 수의 1000배가 됩니다. 그럼 V̄는 얼마가 될까요? 5000입니다.

I	V	X	L	C	D	M
1	5	10	50	100	500	1000

I	II	III	IV	V	VI	VII	VIII	IX	X
1	2	3	4	5	6	7	8	9	10
XI	XII	XV	XL	CCC	CD	DCCC	CM	MM	V̄
11	12	15	40	300	400	800	900	2000	5000

역사학자 테오도어 몸젠(Christian Matthias Theodor Mommsen, 1817~1903)에 따르면 5를 의미하는 V는 다섯 손가락을 편 상형문자에서 유래한 것이라고 합니다. 또 다른 설도 있습니다. 한 번에 하나씩 선을 긋다가 5번째가 되면 대각선을 긋는 방법, ⫴, 아시죠? 지금도 가끔 사용하는 방법이잖아요. 여기서 대각선 대신 V로 한 것이며 10은 2개의 V가 겹친다는 의미로 X가 사용된 것이라고 합니다. 그리고 50을 의미하는 L은 그리스 문자 프시(Ψ)에서 변형된 것이며, C, D, M은 각 숫자를 의미하는 라틴어에서 영향을 받은 것입니다.

그런데 그리스와 로마 숫자는 너무 많은 문자로 숫자를 외워야 하니 시작부터 어렵게 느껴집니다. 특히 로마 숫자는 큰 수로 갈수록 쓰는 것도, 계산에 사용하기에도 너무 길고 복잡해지는 것을 피할 수 없으니 이용하기엔 힘들었을 듯합니다. 하지만 옛날에는 큰 수를 써야 할 일이 그렇게 많지는 않았을 테니 어쩌면 일반인들은 그렇게 불편하다는 생각을 하지 못했을 수도 있었겠지요.

마지막으로 소개하는 숫자는 동양에서 만들어진 중국 숫자입니다. 중국 숫자에는 일반적으로 사용하는 숫자, 공식적인 문서에 주로 사용하는 숫자, 그리고 물건을 팔고 살 때 사용하는 숫자까지 3가지가 있었다고 합니다. 이 중 상인들이 사용한 숫자는 현재 거의 사용하지 않으니 2가지만 소개하죠.

먼저 우리에게 가장 익숙한 중국 숫자입니다. 최초의 모양은 아래 첫 줄과 같았습니다. 여기에서 4, 6, 8이 四, 六, 八으로 변했고 10(十), 100(百), 1000(千), 10000(萬)을 더해서 기본적으로 13개의 숫자를 사용했습니다. 우리나라도 아라비아 숫자를 사용하기 전까지는 이 숫자들을 사용했습니다.

一	二	三	三	五	∩	十	人	九
1	2	3	4	5	6	7	8	9
一	二	三	四	五	六	七	八	九

재미있는 특징은 짝수는 발이 2개 있고, 홀수는 발이 1개 있는데 이는 중국의 전통적인 음양 철학이 반영된 것이라고 합니다. 진짜로 그런지 확인해 볼까요? 짝수 二, 四, 六, 八을 보니 정말이네요. 그런

데 이 숫자들은 사용하기는 편했지만 쉽게 위조할 수 있어 공식적인 문서에 사용할 때는 다음과 같이 좀 더 복잡한 숫자를 사용했다고 합니다.

壹	貳	參	肆	伍	陸	漆	捌	玖	拾	佰	仟
1	2	3	4	5	6	7	8	9	10	100	1000

비교해 보니 확실히 다른 숫자로 바꾸기는 힘들어 보입니다. 그런데 얼마나 많은 문서 위조 사기범들이 있었기에 이렇게 위조방지용 숫자까지 만들었나 싶지 않나요? 우리나라에서도 국한문을 혼용해서 쓰던 옛날에는 은행의 입출금 전표나 계약서 등에 꼭 이 복잡한 한자 숫자를 써야 했어요.

한글과 숫자는?

한글이라는 독창적인 글자를 발명한 우리나라에서 숫자는 만들어지지 않았습니다. 혹시 이 사실을 생각해 본 적 있나요? 대부분 문자와 함께 숫자도 만들어지는데 왜 세종대왕은 숫자를 만들지 않았을까요? 측우기나 악기 등 산술적인 계산이 필요한 과학에도 관심이 많았던 세종대왕이 한자 옆의 한문으로 된 숫자의 불편함은 보지 못했던 것일까요? 그 까닭으로 조선시대 숫자는 대중, 즉 백성들이 일반적으로 사용하는 것이 아니었기 때문이라는 추측을 할 수 있습니다.

그런데 28자로 모든 글자를 쓸 수 있는 한글의 체계를 보고 있으면 마치 인도-아라비아 숫자처럼 보이기도 합니다. 만약 세종대왕이 숫자를 만들었다면 지금의 숫자보다 훨씬 더 편한 표기법을 찾아내지는 않았을까요? 최근에 밝혀진 바로는 중요한 문서에는 뜻밖에 중국 숫자 一, 二, 三, …이 아닌 천자문 天, 地, 玄, …의 글자 순서를 숫자 대신으로 사용한 기록들이 나오고 있으니 아직 발견하지 못한 것들 속에 해답이 있을지도 모르겠다는 생각이 듭니다. 어쩌면 당시 세종대왕은 한글로 숫자까지 대신할 수 있다는 생각을 하지는 않았을까요? 그럴듯한 상상 아닌가요?

숫자, 하나로 통일되다 : 인도-아라비아 숫자

이렇게 각 지역마다 다양하게 만들어져 사용되던 숫자는 약 1650년경부터 유럽 전역에서 **인도-아라비아 숫자**가 널리 쓰이면서 세계 수학 공통어가 탄생하게 됩니다. 세계 공통어인 인도-아라비아 숫자는 사실 비밀에 싸인 신비로운 숫자입니다. 누가 언제 어디에서 만들었는지 정확하게 알려진 바가 없다고 하니까 말이에요. 현재 우

1. 외눈박이 거인 폴리페모스, 수학사의 문을 열다

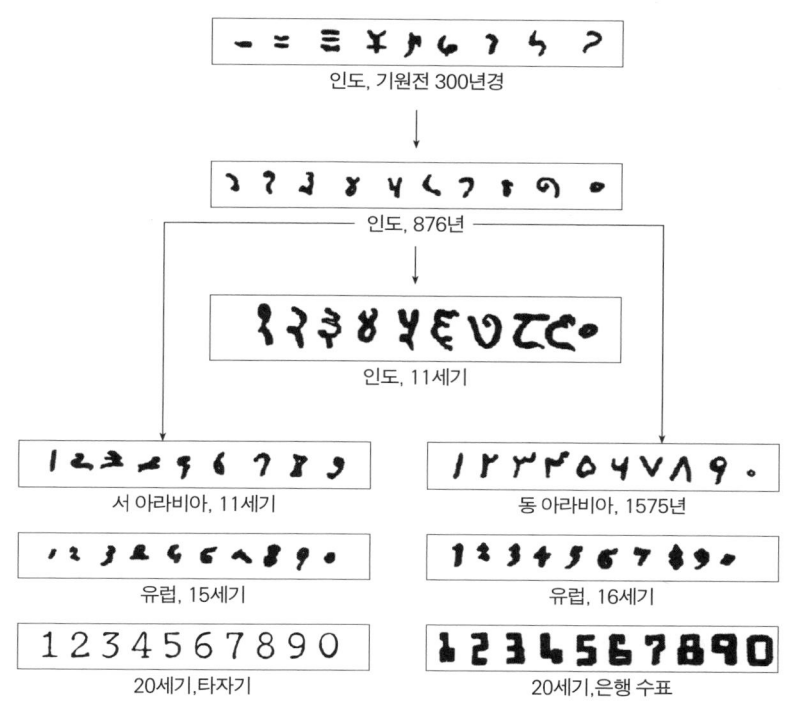

인도, 기원전 300년경

인도, 876년

인도, 11세기

서 아라비아, 11세기

동 아라비아, 1575년

유럽, 15세기

유럽, 16세기

20세기, 타자기

20세기, 은행 수표

인도-아라비아 숫자의 변천 과정

리가 사용하는 숫자 글자체, 그러니까 1, 2, 3, 4, …는 북아프리카와 이베리아 반도에서 만들어진 구바(모래판에 쓰는 숫자라는 의미)를 원형으로 보며 레오나르도 피보나치(Leonardo Fibonacci, 1170?~1250?)가 북아프리카에서 배워서 유럽에 들여온 것이라고 합니다.

그럼 왜 인도-아라비아 숫자로 불리게 된 것일까요? 장사에 재주가 있었던 아라비아인들은 일찍부터 멀리 있는 나라들과도 무역을 했죠. 그러면서 새로운 기술이나 문화를 적극적으로 받아들였습니다. 이때 중국에서는 세계 3대 발명품 중의 하나였던 종이 만드는 법을, 인도로부터는 이 숫자를 배워옵니다. 그래서 처음에 아라비아에서는 이 숫자를 인도 숫자라고 불렀다고 합니다. 그런데 아라비아에 왔던 유럽 상인들이 다시 이 숫자를 배워 가면서 아라비아에서 배웠으니 당연히 아라비아인들이 만든 것이라고 생각했나 봅니다. 잘못 알고 간 것이 계속 퍼지면서 인도 숫자는 오랫동안 아라비아 숫자로 알려지게 된 거죠. 모든 것이 밝혀진 요즘은 '인도-아라비아 숫자'라고 부르고는 있지만 여전히 아라비아 숫자라고 하는 사람들도 많습니다.

그렇다면 인도-아라비아 숫자는 무엇 때문에 수학의 공통어가 될 수 있었을까요? 그것은 쓰고 계산하기 쉬운 장점 때문이었죠. 인도인들이 1에서 9까지의 9개 숫자 외에 0이라는 새로운 숫자를 생각해 내어 10개의 숫자로 위치 기수법을 사용하니 아무리 큰 수도 간단히 나타낼 수 있었고 계산도 다른 숫자들과는 비교할 수 없을 만큼 편했습니다. 그러니 자연스럽게 2진법, 5진법, 12진법, 60진법 등으로 만들어진 기존의 숫자들은 사라지면서 10진법이 사용되는 인도-아라비아 숫자 하나로 통용되기 시작한 것입니다.

하지만 오늘날에도 계산이 아닌 일상의 삶 속에 고대 숫자들이 살아 있기는 합니다. 시계나 책의 차례 등에서 로마 숫자는 쉽게 볼 수 있으며 수학 교과서에서 그리스 문자는 다양한 의미의 기호로 여전

시계의 숫자

데카르트의 『방법서설』 차례 일부

실생활에서 만나는 로마 숫자들

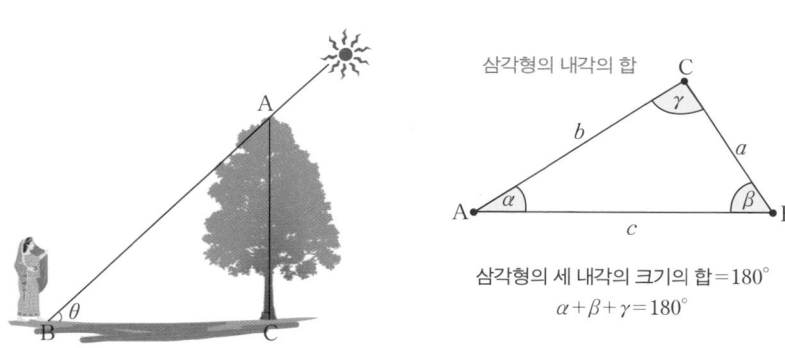

삼각형의 내각의 합

삼각형의 세 내각의 크기의 합＝180°

$$\alpha + \beta + \gamma = 180°$$

수학 교과서에서 사용하는 그리스 숫자들

그리스 숫자들은 중학교 때 각의 크기를 표시할 때 많이 쓰지만 고등학교 때는 방정식의 해를 나타낼 때도 많이 사용한답니다.

히 사용하고 있습니다. 잠깐, 여러분 주위에서 고대의 숫자들이 어디에 숨어 있는지 한번 찾아볼래요?

우리나라는 인도-아라비아 숫자를 언제부터 사용했을까?

우리나라에 인도-아라비아 숫자는 언제, 어떻게 유입되어 사용하기 시작했을까요? 여기에 관한 정확한 기록은 없습니다. 남아 있는 가장 오래된 기록은 1842년 김대건(金大建, 1821~1846) 신부가 쓴 편지의 날짜입니다. 공식적으로는 1882년 조선과 미국이 조미수호통상조약을 체결한 문서에 사용된 기록이 있어요.[2]

그러다 1886년 최초로 세워진 근대학교인 이화 학당과 육영공원의 교과목에서 '산술'이나 '산학' 등과 같은 수학 관련 과목들을 통해 인도-아라비아 숫자가 등장합니다. 이후 1895년에 새롭게 개편된 학교 교육에 의해 유럽식의 산수 교육이 유입되면서 본격적으로 사용되기 시작했습니다. 유럽보다도 훨씬 늦게 서양 학문으로서 수학이 유입되었지만 우리나라는 그 어떤 나라보다도 수학의 강력한 힘을 빨리 인식하고 교육에 집중했습니다. 지나친 수학 공부 열기 때문에 말들이 많기도 하지만 컴퓨터와 IT(Information Technology) 산업 등에서 한국 사람들이 높은 기술력을 인정받는 데에는 이런 수학 교육 또한 큰 몫을 하지 않을까요?

교과서에서 '수'는 언제, 어떻게 배울까?

인도-아라비아 수 표기법으로 세계 공통어가 된 숫자는 수학의 발전에 따라 여러 가지 특성을 가진 수들로 정의되어 분리됩니다. **자연수**는 인류와 함께 시작되었고 **음수와 0**은 약 5,500년 전, **분수**는 약 4,000년 전, **무리수**는 그리스 시대에도 발견되기는 했지만 약 2,500년 전 정도부터 사용되기 시작했으며 **소수**와 마지막으로 **허수**는 16세기에 발견됩니다. 이렇게 발견된 수들은 "한 직선 위에 수들을 빈틈없이 크기 차례로 늘어놓을 수 있다"는 이론이 데데킨트 (Dedekind, 1831~1916)와 칸토어(Cantor, 1845~1918) 등에 의해 19세기 말에서야 정리되었고 그 외 많은 수학자들의 의해 수는 다음과 같이 분류되어 현재 사용하고 있습니다.

복소수 (C)	실수(R)	유리수 (Q)	정수(Z)	양의 정수(자연수, N) : 초등학교
				0
				음의 정수 : 중학교 1학년
			정수 아닌 유리수	순환소수(유한소수) : 중학교 1학년 ※분수연산 : 초등학교
		무리수		비 순환소수(무한소수), π : 중학교 3학년
	허수			고등학교 1학년

이렇게 분류된 복소수, 실수, 유리수, 정수, 자연수는 중학교 때부터 기호로 자주 나타내는데 뜻을 알면 쉽게 기억할 수 있습니다. 기호는 대부분 영어나 독어의 첫 번째 글자로 대신하고 있죠. 자연수는 영어로 자연스러운 수라는 뜻에서 Natural number라고 하는데 이 말의 첫 자를 따서 'N'이라 표기합니다. 정수는 영어로는 완전하다는 의미의 Integer이지만 독특하게 독일어로 수라는 뜻의 단어인 Zahl의 앞글자 'Z'로 표기합니다. 유리수는 영어로 Rational number 이지만 분모가 0이 아닌 두 정수의 분수, 즉 $\frac{a}{b}$(단, a와 b는 정수이면서 $b \neq 0$)로 나타낼 수 있는 수라는 정의를 살려 나누었을 때 몫이라는 뜻의 단어 Quotients 앞글자 'Q'로 표기하죠. 무리수는 유리수가 아닌 수라는 뜻의 Irrational number라는 단어에서 약자 'irQ'로 사용합니다. 실수는 실제로 존재하는 수라는 뜻으로 Real number의 앞글자 'R'이라 나타내며 마지막으로 허수까지 포함한 복소수의 기호는 Complex, 즉 복합체라는 뜻으로 'C'로 나타내는데 가우스가 그의 논문에서 처음 사용한 것으로 알려져 있습니다.[3] 단어의 첫 글자가 기호로 사용되고 있으니 뜻을 생각하면 바로 기억나겠죠?

이와 같이 다양하게 분류되는 수들은 언제 교과서에서 만나게 될까요? 분리된 수들은 발견된 역사의 순서에 따라 배우게 됩니다. 먼저, **초등학교**에서는 자연수와 분수를 배웁니다. 다음으로 **중학교**에 들어가면 정수 중에서 음의 정수 그리고 중학교 3학년이 되면 무리

1. 외눈박이 거인 폴리페모스, 수학사의 문을 열다

수, 피타고라스학파가 발견하고도 인정할 수 없었던 수인 무리수 연산에 대해 배우게 되죠. 그리고 마지막으로 **고등학교** 1학년 때 허수까지 배우면 현재까지 발견된 모든 수에 대해 알게 됩니다.

자연수를 제외하고 약 5,000년 정도의 시간이 걸려 발견된 숫자들을 고작 10년 동안에 다 배워야 하니 수학이 어려운 것은 당연하지 않나요? 교과과정도 이런 시간의 안배를 어느 정도 반영하고 있기는 하지만 익숙해지는 데는 절대적으로 부족한 시간일 수밖에 없습니다. 게다가 수학 공부가 힘든 또 다른 이유는 중간부터 배울 수 없다는 특징 때문입니다. 즉 자연수 연산을 못하는데 정수 연산을 배울 수는 없습니다. 하나를 배우고 거기에 더해서 다른 것을 배우도록 되어 있는 것이 수학입니다.

이제 수학이 어렵다는 것을 확실하게 아셨나요? 그렇다면 수학 공부를 할 때 필요한 마음의 자세를 이렇게 가져보세요. 쉽고 편한 방법이 있을지도 모른다는 생각을 애초에 버리는 거죠. 그러면 수학은 의외로 술술 배울 수 있답니다. 그러기 위해 수학은 그때그때 배운 것들을 열심히 공부하면서 따라 가야 한다는 것, 잊지 말기 바랍니다.

수학이 갑자기 어려워지는 시기는?

고등학교 과정까지 12년 동안의 학교 공부에서 수포자(수학을 포기하는 사람)가 되느냐 마느냐의 가장 중요한 전환점은 두 번 있습니다. **첫 번째 시점**은 초등학교를 마치고 중학교에 들어가서입니다. 초등학교 수학은 주로 연산을 익히는 '산수' 위주입니다. 그러나 중학교에 입학하면 **문자**로 하는 연산과 함께 **식**을 세워야 하는 논리의 수학 세계가 본격적으로 시작되면서 이전과는 다른 어려움을 느끼는 친구들이 많습니다. 게다가 처음 배우는 '음수' 연산도 쉽지만은 않죠.

이 시기를 잘 넘기기 위해서는 책을 읽는 습관이 도움이 됩니다. 왜냐고요? 문제를 읽고 식을 세우기 위해서는 이해력이 필요한데 그것은 책을 많이 읽지 않고는 길러지지 않기 때문입니다. 특히 수학은 철학을 기초로 해서 만들어진 학문이잖아요. 그래서 책 읽기를 통해 습득된 논리와 이해력이 중학교 때부터는 조금씩 필요해집니다. 그러다 고학년이 되면서 이 논리와 이해력은 수학 성적에 격차가 벌어지는 데 절대적인 영향을 미칩니다.

학생들을 보면 초등학교 때까지는 책 읽기를 어느 정도 열심히 하는데 중학교에 들어가면서 멈추는 경우가 많습니다. 초등학교에 비해 해야 할 공부가 많아지면서 책 읽기는 맨 마지막 순서로 밀리기 십상이죠. 당장 급한 것은 시험공부이다 보니 자연스럽게 안 하게 되는 것 같아요. 하지만 고등학교에 들어가면 시간은 더 없으니 어떻게든 책 읽기를 게을리 하지 않길 바랍니다.

팁 하나 더! 연산 연습은 날마다 꾸준히 하면 좋습니다. 그러기 위해 수학 공부는 일정 시간을 정해서 날마다 하는 것이 필요합니다. 한 번에 많은 문제를 푸는 것보다 날마다 1시간씩을 꾸준히 하는 것이 더 효과적이죠. 아무리 빨리 풀어도 정확한 답을 쓰지 못하면 아무 소용이 없는 것 또한 수학 공부의 어려움입니다. 식만 맞고 답이 틀리는 비극을 줄이기 위해서는 끊임없는 연습을 해야 합니다.

수학이 갑자기 어려워지는 **두 번째 시기**는 중학교를 마치고 고등학교에 입학하는 시점입니다. 이 시기 수학은 비록 기초적인 것들이지만 12세기에서 17세기까지 약 500년이 넘는 시기 동안 발전했던 수학을 한꺼번에 배우는 만큼 배우는 양이 급격히 많아집니다. 게다가 중학교 때와 비교해서 공부하는 시간도 늘어나니 힘들어지기 시작하지요. 하지만 고등학교까지의 수학 공부는 처음에는 어렵지만 체계적으로 원리를 이해하면서 하다보면 하나를 배워 열을 풀 수 있게 될 때가 있으니 그렇게 두려워 할 필요는 없습니다.

특히 짧은 시간 동안 많은 공부를 해야 하는 이 시기에 오답노트를 만드는 것도 큰 도움이 됩니다. 수학 공부법으로 많은 사람들이 추천하는 오답노트, 왜 중요할까요? 누구나 틀린 문제를 다시 틀린 경험, 해본 적 있지 않나요? 왜 그럴까요? 첫인상이 심어지는 데 3초가 걸리는데 그것을 바꾸려면 30시간 이상이 필요한 것처럼 수학 문제를 풀 때도 처음 했던 생각을 바꾸는 것이 쉽지 않습니다. 그래서 오답노트를 만들어서 단순한 계산 실수인지 아니면 개념을 모르는 건지 등 자신이 무엇 때문에 문제를 풀지 못하는지를 정확히 파악하도록 합니다. 그리고 나서 부족한 부분을 집중해서 공부하면 훨씬 능률적일 수 있습니다. 처음에 틀린 문제를 정리해서 풀고, 틀린 문제를 풀어서 또다시 틀린 문제를 정리해서 풀고, 이런 방법으로 더 이상 틀린 문제가 없을 때까지 풀기를 반복해 보세요. 그렇게 문제집 한 권을 풀어본다면 10권을 그냥 푸는 것보다 실력이 크게 향상될 수 있습니다.

　　그림 이야기로 돌아가 볼까요? 현대에는 숫자를 소재로 다양한 작품 활동을 하는 예술가들이 있습니다. 독특한 소재로 영화를 만드는 미국의 괴짜 영화감독이자 예술가인 팀 버튼(Tim Burton, 1958~)이 숫자를 이용해서 만든 작품이 있습니다. 2012년에 우리나라 서울시립미술관에서 전시된 적도 있습니다. 그는 숫자와 함께 떠오르는 이미지를 재미있게 표현해서 예술작품을 만들었네요.

　　자, 여러분도 도화지를 꺼내서 숫자마다 떠오르는 생각들을 마음대로 그리면서 새로운 창의력의 세계로 잠시 들어가 보세요!

2

'호루스의 눈'을 계산하다
: 사칙연산의 역사

작자 미상,
〈독수리 문양의 목걸이
–우라에우스(Uraeus) 신과
독수리가 보호하는 신비의 눈〉,
투크 무덤에서 발굴,
B.C. 1325년

〈독수리 문양의 목걸이-우라에우스(Uraeus) 신과 독수리가 보호하는 신비의 눈〉이라는 목걸이는 이집트 제18왕조의 파라오 투탕카멘(?~?, 재위 B.C. 1361~B.C. 1352)의 무덤에서 나온 유물 중 한 작품입니다. 애칭으로 투트 왕이라고도 불리는 투탕카멘은 1922년 영국의 고고학자 하워드 카터(Howard Carter, 1874~1939)가 15년이 넘도록 도전한 끝에 그의 무덤을 발견하게 되면서 유명해졌습니다.

투탕카멘의 무덤은 도굴당하지 않은 채 발견된 유일한 이집트 왕의 무덤이었습니다. 이 무덤에서 말로만 듣고, 기록에만 남아 있었던 이집트의 웅장한 장례식이 어떠했는지를 실감할 수 있는 많은 유물들이 나왔지요. 그중에서 왕의 무덤에서 출토된 이 작품은 왕권을 의미하는 상징물들로 만들어진 장신구입니다. 왕관을 쓴 독수리와 코브라의 모습을 한 우라에우스 신이 양쪽에서 오른쪽 눈을 보호하는 듯 껴안고 있는 이 눈이 바로 '호루스의 눈'입니다.

고대 이집트의 신격화된 파라오의 왕권을 보호하는 대표적인 상징으로 눈이 표현될 때가 많았습니다. 예로부터 어느 문명권에서든 눈, 그리고 본다는 것은 세상을 인식하는 지혜의 상징이었습니다.

작자 미상, 〈아문의 악사 네스무트의 외부 관의 내부 그림 중 하단〉,
테베, 채색한 나무

작자 미상, 〈투탕카멘의 가슴장식〉,
B.C. 1330년경, 보석, 다색 유리

동시에 보는 것은 권력을 상징하기도 했지요. 보는 자와 보지 못하
는 자 사이에는 힘의 차이가 있기 마련이니까요.

　호루스의 눈은 이집트 선왕조 시대에 우제트(Wadjet)라는 여신의
눈을 태양의 상징물로 사용한 것에서 유래되었습니다. 태양의 신 라
(Ra)가 이집트의 절대 신으로 숭배 받으면서는 '라의 눈'이라고 불렸
습니다. 이후 호루스 신화가 대중화되면서 '호루스의 눈'으로 널리
알려졌어요.

호루스의 눈과 분수 연산

이집트의 왕, 파라오의 왕권을 보호하는 상징물에 장식된 호루스의 눈이 뜻밖에 이집트 수학 연산과 관련이 있다는 것을 아시나요? 어떻게 된 일일까요? 가장 오래된 수학 책으로 알려진 린드 파피루스(Rhind Papyrus)는 이집트 서기관인 아메스(Ahmes)가 기원전 1700년 무렵에 쓴 것인데 이 두루마리에 수록된 87개의 문제 중 81개가 분수를 다루는 문제였다고 합니다. 이처럼 이집트에서는 유독 분수 계산을 많이 사용했는데 눈에 띄는 점이 있었습니다. 분자가 1인 분수, 즉 단위분수를 이용해 연산을 한다는 점이었죠. 또한 분자가 1인 분수를 호루스의 눈으로 나타냈습니다. 그럼 호루스의 눈에 표시된

그림						
수	$\frac{1}{64}$	$\frac{1}{32}$	$\frac{1}{16}$	$\frac{1}{8}$	$\frac{1}{4}$	$\frac{1}{2}$

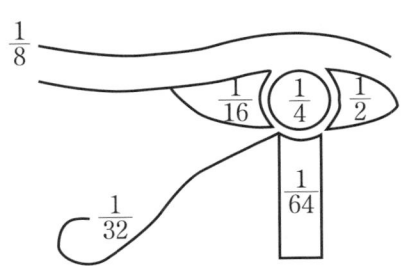

1. 눈알의 오른쪽 부분: $\frac{1}{2}$

2. 눈동자 부분: $\frac{1}{4}$

3. 눈썹 부분: $\frac{1}{8}$

4. 눈알의 왼쪽 부분: $\frac{1}{16}$

5. 둘둘 말린 꼬리 부분: $\frac{1}{32}$

6. 눈물 모양 부분: $\frac{1}{64}$

여섯 개의 단위분수를 살펴볼까요?

앞의 표를 이용하면 이집트에서 $\frac{5}{16}$는 $\frac{1}{4}+\frac{1}{16}$과 같이 단위분수로 만들어 계산했으며 '눈동자 부분＋눈알의 왼쪽부분'으로 표기할 수도 있었던 것입니다. 호루스의 눈이 나타내는 여섯 개 단위분수를 모두 더하면 $\frac{63}{64}$으로 1에 살짝 못 미치는 값이 됩니다. $\frac{1}{64}$이 부족하죠. 이것은 이집트 수학이 근사값과 정확한 값을 거의 구별하지 않았던 것을 반영한 것이라고도 합니다. 전하는 호루스 신화에 따르면 지식과 달의 신인 토트가 나머지를 채워준다고 생각했다네요.

당시 이집트 왕은 누구도 쉽게 다가가기 힘든 절대 권력을 가진 자로서 신으로까지 숭배되었는데 그런 존재를 보호하는 상징을 어떻게 분수 기호로 그리게 되었을까요? 게다가 어떻게 계산하는 데 사용하기까지 한 것일까요? 이집트의 왕과 수학은 무슨 관계가 있었으며 누가 이런 생각을 한 것인지 궁금해지지 않나요? 여기에 대한 답을 찾기 위해 이집트의 수학에 다가가 보겠습니다.

이집트의 수학

이집트는 세계 4대 문명의 발상지 중 한 곳이었습니다. 기원전 3000년 즈음부터 숫자를 상형문자로 만들었고 십진법으로 표기하는 발전된 수 체계를 사용한 나라였지요. 특히 기하학이 발달했습니

2. '호루스의 눈'을 계산하다

다. 이집트에서 이처럼 수학이 발달할 수밖에 없었던 이유는 필요한 일이 많았기 때문입니다. 이집트는 지리학적으로 나일강 하류가 정기적으로 범람하면서 상류에서 쓸려 내려온 퇴적물이 쌓여 농사짓기 적합한 기름진 땅을 가지고 있었습니다. 그래서였는지 역사 초기에 나일강 주변으로 약 42개 정도의 작은 도시들이 만들어져 있었죠. 이렇게 흩어져 있었던 도시들을 기원전 3000년경 메네스(Menes)라고 하는 왕이 하나의 통일 왕국으로 만들면서 강력한 이집트 국가가 탄생하게 됩니다. 게다가 이집트는 사막과 바다로 둘러싸여 있어 외부의 침입이 어려웠기 때문에 고대 문명 중에서 약 3,000년의 역사를 가진 가장 안정되고 오래 지속된 왕국으로 존재하게 됩니다.

이렇게 통일국가가 되면서 이집트는 인구조사나 세금 문제, 군대 등 여러 가지 행정 체계를 만들어야 했습니다. 매년 봄마다 범람하는 나일강 홍수를 예측하기 위한 천문역법, 홍수로 인한 피해에 따른 세금 감면을 위한 계산법, 그리고 범람 후에 원래의 토지로 다시 구획하기 위한 토지측량법 등 수학 지식이 어떤 나라보다도 절실하게 필요했습니다. 그리고 이런 필요에 의해 발전한 '수학 지식'은 체계적인 국가 운영을 하는 강력한 통치 수단 중 하나가 되었을 것입니다.

그런데 당시 이집트에서 '수학'을 사용할 수 있었던 사람들은 왕을 제외한 최고의 권력자였던 서기관들뿐이었습니다. 정치, 군사, 행정 등 사회의 전반적인 모든 것에 관여하고 있었던 서기관들은 당면

하는 많은 문제들을 수학 지식을 이용해 해결함으로써 왕이 백성에게 절대적인 존재가 될 수 있도록 도왔을 것입니다. 추측건대 이런 수학의 힘을 누구보다도 잘 알고 있었던 서기관들은 왕을 지킬 수 있는 힘은 곧 수학이라는 생각을 했던 것은 아닐까요? 그래서 당시 서기관들이 가장 많이 사용하고 있었던 분수 기호를 왕권을 수호하는 상징물에 사용하게 된 것은 아니었을까 조심스럽게 추측하게 됩니다.

이렇게 통치 수단으로도 사용하고 있었던 '수학'을 일반 백성들이 아는 것이 두려웠던 것일까요? 이집트에서는 수학 지식을 서기관이나 사제들만 볼 수 있는 파피루스 경전에만 기록했다고 합니다. 이렇게 제한된 이들만이 이용할 수 있도록 '비밀'이 된 수학은 이집트에서는 더 이상의 발전을 할 수 없었습니다. 수학이란 살아 있는 생명체처럼 많은 사람들에 의해 생각이 더해지면서 끊임없이 새로운 것으로 만들어질 때만 생명력을 가집니다. 그러니 몇 사람만 볼 수 있도록 해둔 수학은 세월이 흐르면서 자연스럽게 쓸모없는 것이 되고 말았던 것입니다.

수학 공부도 마찬가지입니다. 나만 알겠다고 옆에서 친구가 모르는 것을 물어보는데 가르쳐주는 데 인색하면 자신의 실력도 어느 사이에 뒤떨어지게 됩니다. 모르는 것을 물어보는 친구에게 열심히 가르쳐주면 새로운 생각도 하게 되고, 응용력이 생기면서 여러분 실력도 단단하게 다져집니다. 누군가 여러분에게 도움을 청하면 적극적

2. '호루스의 눈'을 계산하다

으로 도와주십시오. 그것이 여러분의 수학 실력을 향상시키는 또 하나의 방법이라는 것을 잊지 마세요.

그렇게 이집트에서 서서히 죽어가고 있던 수학은 뜻밖에 이를 배우러 온 그리스인들에 의해 다시 새로운 생명력을 얻습니다. 특히 토론 문화가 발달했던 그리스로 간 이집트 수학은 단순한 생활 지식에서 벗어나 이론적으로 체계화되어 최초로 하나의 학문인 '수학'으로 탄생하게 됩니다. 하지만 가끔 수학 용어에서 이집트 수학의 흔적을 만날 수 있는데 그중 하나가 기하학을 뜻하는 단어 geometry입니다. geo가 토지를, metry가 측량을 의미하는 그리스 말로 만들어졌지만 실제 이집트에서 토지를 측량하면서 발전한 학문이라는 의미에서 유래하고 있습니다.

호루스의 눈을 이용한 이집트의 분수 계산법을 보니 현재 사용하는 사칙연산과 기호는 언제 어떻게 만들어져서 사용하게 된 것일까, 하는 궁금증이 떠오릅니다.

사칙연산의 역사

인간이 발명한 최초의 연산은 사실 수 세기입니다. 이런 수 세기에는 자연스럽게 더하기의 개념이 들어가 있어서 수를 표현하는 것만으로도 연산을 한 셈이기도 했던 것이죠. 하지만 정확하게 언제부터 뺄셈, 곱셈과 나눗셈까지 더해진 사칙연산이 사용되기 시작했는지 알려주는 구체적인 기록은 없습니다.

숫자가 만들어진 고대 바빌로니아나 이집트 등에서는 이미 사칙연산을 모두 사용하고 있었으니 훨씬 전부터 사칙연산에 대한 개념이 있었을 것이라 추측할 뿐입니다. 특히 바빌로니아인들은 덧셈과 곱셈은 기호를 더하고 줄여가는 것만으로 가능했기 때문에 그냥 했지만 제곱, 제곱근, 세제곱, 세제곱근 등은 계산표(수표)를 만들어 놓고 편하게 이용할 만큼 연산을 쉽게 할 수 있는 방법은 여러 가지 발전하고 있었던 것으로 생각됩니다.

그런데 이집트인들은 숫자를 만들어 놓고도 덧셈과 뺄셈을 하는 데는 오랫동안 조약돌을 사용했다고 합니다. 아마 1장에서 보셨듯이 숫자를 쓰는 것만으로도 힘들었을 상황에서 계산까지 하기가 쉽지 않았기 때문은 아니었을까요? 하지만 큰 수를 계산할 때는 조약돌로 할 수 없어선지 일찍부터 이집트인들은 주판을 이용했다고 합니다. 현재 우리가 계산을 하는 장소를 카운터(counter)라고 부르는데요, 영국인들이 계산에 쓰는 조약돌을 카운터(counters)라고 한 것에서 유래한 말이라네요.

이처럼 사칙연산을 일찍부터 사용하기는 했지만 숫자만큼이나 각 나라에서 사용했던 기호나 연산 방법들은 각기 달랐습니다. 그랬던 것들이 16세기 말이 되어서야 현재 사용하고 있는 사칙연산 기호로 마침내 정리됩니다. 하지만 기호를 이용하는 계산법이 일반적으로 쓰이게 되기까지는 훨씬 더 오랜 시간이 걸렸습니다. 기호를 통한 계산법의 통일은 중세부터 시작됩니다. 특히 르네상스 시기에 치밀하고 정확성을 추구한 고대 그리스 수학을 복원하는 데 많은 연구를 하게 되면서 점차 대수학의 기호도 정리되기 시작했습니다. 그럼 각 기호의 역사를 좀 더 자세히 살펴볼까요?

덧셈과 **뺄셈**은 '계산의 두목'이라고도 불렸던 독일의 비드만(J. Widmann, 1462~1498)이 1489년 라이프치히에서 발표한 산술 책『상용 산수서』에서 사용하는데 이때는 더 많다 또는 모자라다는 의미로 사용됩니다. 이후 파치올리(Far Luca Pacioli, 1445?~1510?)가 이 개념을 더욱 발전시켰고 현재의 덧셈($+$)과 뺄셈($-$) 기호는 1514년 네덜란드의 수학자 호이케(G. V. Hoecke, 1585~1648)에 의해 사용되었습니다. '$+$'는 and에 해당하는 라틴어 et를 빨리 쓰면서 만들어진 것이라고 합니다. '$-$'는 어떻게 해서 이런 모양이 되었는지 정확히는 알려져 있지 않지만 뺀다는 의미의 minus를 간단히 쓴 m이 변형된 것이라고 하기도 합니다.

곱셈 기호 '$\times$'는 영국의 수학자 오트레드(William Oughtred, 1574~1660)의 책『수학의 열쇠 *Clavis Mathematics*』(1631)에서 사용되었습니다. 이 책에는 뺄셈도 나오는데 기호를 '$\sim$'로 표시했습니다. 그런데 이 기호는 당시에는 변수 x와 비슷하다고 해서 별로 사용하지 않다가 19세기 이후부터 사용하게 되죠. 또한 사후 출판된 해리엇(Thomas Harriot, 1560~1621)의 책『해석술의 연습 *Artis analyticae* *praxis*』에서 점(·)을 곱셈기호로 제안했는데 이것을 처음으로 라이프니츠가 쓰면서 이후 사람들도 사용하기 시작했습니다. 오늘날 우리도 중학교 때부터는 곱셈 기호로 점(·)을 더 많이 사용하죠.

나눗셈(÷)은 흥미롭게도 나누기로 사용되기 전 유럽과 스칸디나비아 반도에서는 뺄셈 기호로 오랫동안 사용되고 있었다고 합니다. 그런데 이 기호를 스위스인 란(Johann Rahn, 1622~1676)이 1659년 취리히에서 출판한 『대수학*Teutsche Algebra*』에 나눗셈 기호로 처음 기록했으며, 29년이 지난 후에야 영국의 존 펠(John Pell, 1611~1685)에 의해 널리 사용되었습니다. 하지만 이 기호만은 아직도 전 세계적으로 사용되지 못하고 있지요. 이렇게 해서 지금 우리가 사용하고 있는 사칙연산의 기호가 완성됩니다. 하지만 이외에도 수학에서 많이 사용되는 기호들을 있으니 좀 더 알아볼까요?

등호(=)는 레코드(Robert Recorde, 1510~1558)의 『지혜의 숫돌*The Whetstone of Witte*』(1557)에 처음 등장합니다. 그가 이 기호를 선택한 것은 "한 쌍의 평행선(=)보다 더 동등한 것은 없다."라는 이유 때문이었습니다. 그 후 이전에 사용되던 다른 기호들은 모두 이 기호로 대체됩니다. 부등호는 점(·)을 곱셈 기호에서 언급했던 해리엇의 책에서 사용되었으며 소수 기호는 1585년 유럽 최초로 스테빈(Simon Stevin, 1548~1620)이 소수에 관한 논문을 발표하면서 사용하게 된 것입니다. 이 소수 기호가 만들어지면서 마침내 현재 사용되고 있는 10진법의 체계가 완성될 수 있었습니다.

이렇게 정리된 기호들을 바탕으로 16세기 말 프랑스에서 문자기호의 창시자인 비에트(François Viète, 1540~1603)가 기호를 사용해서 현재 우리가 계산하는 방식, 즉 $2+3=5$와 같이 사칙연산을 기호계산(Logistica speciosa)으로 만들어 세계적으로 통일된 계산법을 사용할 수 있게 됩니다. 만약 비에트의 이런 노력이 없었다면 아직까지 문장으로 된 문제를 풀고 있었을지도 모를 일이죠.

지금 문장으로 쓰인 문제를 풀고 있다면 수학 공부 하기가 어땠을 것 같나요? 중학교에 들어가면 간단한 문장으로 된 문제를 식으로 만들어 푸는 과정이 잠깐 있습니다. 학생들은 그것도 어렵다고 아우성인데 2차 함수나 그밖에 많은 문제를 문장으로 풀어야 한다면 생각만 해도 끔찍하지 않나요? 간단한 기호로 문제를 풀 수 있게 해 준 비에트에게 잠깐 묵상이라도 하면서 깊은 감사를 표해야 할 것 같네요.

연산 도구로는 무엇이 있었을까?

연산을 편하게 하고 싶었던 것은 옛날이나 지금이나 마찬가지였나 봅니다. 원시시대부터 수를 세기 위해 사용된 손가락, 작은 돌, 나무, 대나무, 뼈 등에서 발전해서 다양한 도구들이 만들어졌기 때문입니다. 어떤 도구를 사용했느냐에 따라 '계산하다'라는 의미의 단어들도 생겨났어요.

옛날 중국에서는 계산하는 데 대나무를 사용했는데, 대나무를 갖고 논다는 의미의 산(算)이라는 글자를 써서 계산(計算)이라는 단어를 만들었습니다. 라틴어로 셈을 할 때 쓰는 작은 돌이라는 의미의 calculus에서 'calculation(계산)'이란 단어가 유래하며 주판이라는 abacus도 작은 돌이라는 뜻에서 만들어집니다. 이런 간단한 도구들을 이용하면 기본적인 덧셈과 뺄셈을 하는 데는 크게 불편하지 않았겠지요. 물론 고대에도 쉬운 덧셈과 뺄셈에는 자연스럽게 암산을 사용했을 겁니다.

그러나 곱셈과 나눗셈 같은 좀 더 복잡한 산술을 쉽게 하기 위해서 본격적으로 도구들을 만들기 시작하는데 처음 사용한 것이 '수판'입니다. 최초의 원시적인 형태는 모래나 분말로 덮인 간단한 판자로 '토사수판(dust abacus)'이라고 하는 것이 3,000~4,000년 전에 메소포타미아 지방에서 사용되었습니다. 다음으로는 약 2,500년 전의 이집트나 그리스 · 로마 등에서 사용했던 선수판(線數板: line abacus)이 있는데, 판자 위에 여러 개의 줄을 긋고 그 줄 위에 작은 돌을 놓아 계산하는 것입니다.

그것이 발전해서 '아바쿠스(abacus, 일종의 산반)'라는 도구가 만들어집니다. 작은 돌을 의미하는 아바쿠스는 지금의 주산과도 거의 유사한 모양으로 장방형의 네 변을 나무로 만들고 안에 작은 가지들을 세로로 고정시켜 구슬을 끼우고, 중간에 가로로 1개의 나뭇가지

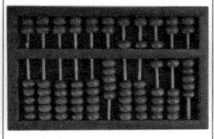
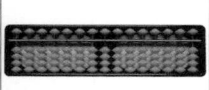

| 로마의 휴대용 주판 | 러시아의 주판 | 중국의 주판 | 일본의 주판 |

한국의 산대 (서강대 소장)

를 두어 상하로 나누어 윗알은 1개, 아래알은 4개나 5개로 만들어 사용했습니다. 하지만 인도-아라비아 숫자의 보급으로 손으로 쓰면서 계산하는 필산(筆算)을 하게 되면서 선수판은 유럽에서 17세기 말에는 사라지게 됩니다.

하지만 이 아바쿠스가 계산에 도움이 되는 도구로 알려지면서 실크로드를 따라 각 지역으로 전파되어 다양한 이름과 모양으로 나타납니다. 고대 로마에서는 '칼쿨리', 러시아에서는 유럽처럼 10개의 구슬에 막대가 없는 형태로 '슈체트', 중국에서는 막대의 한쪽에 5개의 구슬이 있고 위에는 2개가 있는 '수안판' 등으로 변형되어 만들어졌습니다. 특히 일본에서 만들어진 4대 1의 구슬 분류법으로 되어 있는 '소로반'이라는 주판은 사용하기 편리해서 2차 세계대전 이후부터는 우리나라에서뿐만 아니라 세계적으로 가장 많이 사용되고 있습니다.

이런 도구들이 점차 발전해 20세기 계산기에 이어 지금의 컴퓨터가 만들어지면서 계산은 이제 사람이 거의 하지 않는 일이 되었습니다. 우리나라 학생들은 고등학교에 다닐 때까지는 계산기 없이 직접 계산을 하지만 외국에서는 계산기를 사용하는 나라도 많습니다. 요즘 우리나라도 이에 대한 의견이 분분한 것 같습니다. 알파고라고 하는 인공지능(Artificial Intelligence, AI)의 등장으로 계산하는 것과 같은 단순한 일은 인간이 할 필요가 없다는 목소리도 점점 더 높아지고 있습니다. 그런데 정말 연산은 단순한 작업에 불과할까요? 인간의 뇌는 계산을 하면서 다른 일(?)도 함께 하고 있는 것은 아닐까요?

사실 겉으로 보면 단순한 계산이지만 인간의 뇌는 본능적으로 쉽고 빠르게 할 수 있는 방법을 끊임없이 찾고 있습니다. 그러면서 집중력이나 논리력 등도 함께 길러진답니다. 그러니 계산을 귀찮은 것으로만 생각하지 않았으면 합니다.

우리나라의 계산 도구

우리나라에서 처음으로 계산에 사용된 도구는 무엇이 있었을까요? 중국 주나라 때 만들어진 계산법인 '산대'가 삼국시대에 유입되어 조선시대 말까지 사용되었습니다. 이후 중국에서는 더 편하고 쉬운 계산법인 주판법이 만들어졌고 1592년경 우리나라에 들어오지

2. '호루스의 눈'을 계산하다

만 이를 사용한 기록이나 증거는 아직 발견되지 않았습니다. 그러니까 거의 1,500년 동안이나 같은 계산법을 쓴 것을 보면 우리나라에서는 특별하게 계산할 일이 많지 않았던 걸까요? 그렇습니다. 특히 유교를 기반으로 만들어진 조선시대에는 상업이나 기술을 천하게 생각했기에 더욱 발전할 수 없었죠. 아마 일반 백성들의 삶에서 손가락 열 개로 해결 안 되는 것은 거의 없지 않았을까 추측해 봅니다. 상인들의 장사 규모 또한 그렇게 크지 않았기 때문에 그만큼 빠르고 쉬운 계산법에 대한 필요성도 없었을 겁니다.

하지만 주판은 뜻밖에 임진왜란(1592~1598) 때 일본으로 건너가서는 10년도 안 되어 주판 사용법이 서민의 기본 교육과목 중 하나가 되죠. 그건 임진왜란 이후부터 일본이 서방국가들과 적극적인 교류를 시작하면서 상업, 특히 무역이 크게 발달했던 탓이 큽니다. 점차 그 규모가 커지면서 빠르고 정확한 계산의 필요성이 절실했기 때문인지 적극적으로 주산을 이용했으며 더 발전시켜 '소로반'이라는 일본식 주판까지 만들게 되죠.[4] 수학은 꼭 필요해야 사용하게 되고, 사용하면서 더욱 발전한다는 것을 확실하게 보여주는 것 같습니다.

그렇다고 우리나라 사람들의 수학 능력이 부족하지는 않았습니다. 속설로 유대인 다음으로 머리가 좋다고 알려진 한국인들, 그 어떤 민족보다 수학 능력이 탁월했음은 개성상인들이 만든 '사개송도치부법'에서 확인할 수 있습니다. 사개 즉 '주는 사람, 받는 사람, 주는 물건, 받는 물건'을 의미해서 간단히 '사개치부법'이라고 하는데 장부를 정리하는 방법입니다. 지금의 복식부기법과 유사한 것으로 고려 말기인 1294년에 만들어졌는데 서양의 복식부기의 원조인 이탈리아 상인 파치올리(Far Luca Pacioli, 1445?~1510?)가 만든 것보다 200년이나 앞선 것입니다.[5]

조선시대까지 가장 큰 장사를 했던 사람들이 누구였을까요? 옛날에 외국인들이 가장 좋아했다는 우리나라 토산품이 무엇이었는지 아시나요? 인삼이었습니다. 바로 그 인삼을 주로 거래했던, 개성을 중심으로 활동한 개성상인들입니다. 이들은 국내뿐만 아니라 중국, 일본 등과 무역도 하면서 일반인들을 상대로 고리대금, 즉 돈이나 쌀을 빌려주고 이자를 받는 장사까지 했습니다. 그러면서 다뤄야 하는 돈의 규모가 점점 커지고 많은 것들이 빈번하게 들어왔다 나갔다 하는 것들을 빠짐없이 정확하고 빠르게 기록하고 계산할 필요가 있게 된 겁니다. 이런 필요에 의해 수입과 지출을 한눈에 알아볼 수 있게 장부 정리하는 방법을 만들어낸 것입니다. 이를 통해서 우리 민족의 뛰어난 산술 응용력을 확인할 수 있습니다.

교과서에서 사칙연산은 언제, 어떻게 배울까?

사칙연산 중에서 덧셈과 뺄셈은 초등학교에 들어가면 바로 1학년 때부터 시작합니다. 그런데 마치 원시시대처럼 처음 얼마 동안은 손가락으로 배우는 경우가 많습니다. 원시시대나 현재나 별반 다르지 않은 모습을 수학 공부에서 종종 발견하게 됩니다. 그리고 학년이 올라가면서 점차 큰 자리수의 덧셈과 뺄셈 연습을 하게 됩니다.

곱셈은 초등학교 2학년이 되면 구구단을 외워서 대부분은 사용합니다. 이렇게 어릴 때부터 구구단을 외우기 시작한 것은 근래의 일입니다. 원래 구구단은 어른들이 편하게 계산하기 위해 만든 표로 고대부터 사용되고 있었습니다. 중국의 『구장산술』을 보면 한나라 때 이미 구구단이 있었고, 고대 그리스 시대에는 피타고라스 표라고 해서 곱셈표가 정리되어 있었다고 합니다. 그런데 어떻게 해서 구구단으로 불리게 된 것일까요?

약 13세기 원나라 이후부터 구구단이라고 불리게 되었는데 9단의 마지막부터 외웠던 것에서 유래합니다. 그러니까 옛날에는 상류층만이 이 구구단을 알고 사용하고 있었는데 그 편리함을 평민들까지 알게 하고 싶지 않았던 것입니다. 그래서 귀족들이 평민들이 보기에 어렵게 느껴지도록 구구단을 9단의 마지막부터 즉, $9 \times 9 = 81$ 부터 외웠다고 합니다.[6] 이것이 시작이 되어 구구단이라고 불리게 되었다고 합니다. 평민들을 쉽게 착취하기 위해 귀족들이 참으로 애를 썼다는 생각이 들지 않나요?

우리의 교과과정에서 초등학교 3학년이 되면 곱셈과 나눗셈 그리고 나누어떨어지지 않는 수가 나오기 시작하니 이때부터 분수 계산이 시작됩니다. 이후 초등학교 4학년부터 6학년까지는 큰 수의 복잡한 연산과 함께 분수의 사칙연산에 대해 집중적으로 배우게 됩니다. 특히 초등학교 4학년부터의 연산은 고등학교 때까지 많이 사용하게 되는 것들이니 연습으로 숙달될 필요가 있기는 합니다. 이때부터의 연산 실력은 야구의 마무리 투수처럼 마지막 답을 쓰는 데 가장 중요한 역할을 하는 것이죠.

그런데 연산 연습은 어떻게 하는 것이 좋을까요? 초등학생 자녀를 둔 학부모님에게 전하고 싶은 이야기가 있습니다. 많은 학생들이 연산 연습을 위해 어릴 때부터 학습지를 이용하는데요. 의외로 이 학습지에 질려서 수학을 하기 싫어하는 아이들을 종종 만나게 됩니다. 그러니까 아이의 성향을 자세히 관찰할 필요가 있습니다. 반복적인 행위를 지루해 하는 아이에게 이런 공부 방법은 정말 치명적일 수 있습니다. 그러니 아이의 성향에 따라 다양한 방법을 찾아 공부할 수 있게 해야 합니다. 이 시기는 특히 단순한 연산이 많은 공부이다 보니 수학을 재미있는 것, 아니면 지루한 것으로 인식하는 첫 단계이기도 합니다. 그러니 싫어하게 만들지는 않아야 되지 않을까요?

제가 권하는 방법 중 하나는 주산입니다. 1970년에서 1980년대

2. '호루스의 눈'을 계산하다

에 주산 학원은 수학 학원만큼이나 많이 있었습니다. 그러다 그 자리를 학습지가 차지하면서 거의 사라지다가 얼마 전부터 다시 부활하고 있습니다. 요즘은 학교 방과 후 교실에서도 주산 수업을 하는 곳이 있습니다. 주산은 무엇보다 추상적인 개념인 숫자를 주판알로 배우게 되니 훨씬 구체적으로 받아들일 수 있을 뿐만 아니라 놀이로도 접근이 가능하므로 저학년 연산 학습에 도움이 됩니다. 최근에 나오는 많은 연구 발표를 보면 손가락을 사용하니 뇌의 다양한 영역을 활성화시켜 기억력, 정보처리 등 복합적인 능력 발달에도 좋은 영향을 미친다고 합니다.

매일매일 꾸준히 하는 연산 공부

무엇보다 중요한 것은 지루한 연산 연습을 재미있는 것이 되도록 하려면 하나의 놀이, 게임으로 만들어서 하라는 것입니다. 예를 들면 많은 문제집들이 나와 있으니 그중에 한 권을 선택해서 하루에 몇 장을 할 것인지를 아이에게 정하게 한 다음 그것을 매일 실천하도록 합니다. 일주일을 완성하면 상을 하나씩 주고 한 달 동안 지키면 또 더 큰 상을 주는 식으로 하는 것도 나쁘지 않습니다.

여기에서 주의할 점은 절대 부모가 욕심을 내면 안 된다는 것입니다. 대부분의 엄마들은 아이가 숙제를 빨리 다 하면 다른 문제를 더 많이 풀기를 강요하는데요, 절대로 그러면 안 됩니다. 숙제를 빨리 끝내고 놀고 싶은 마음에 열심히 했던 것인데 빨리 끝낼수록 더 많이 해야 한다면 누가 하겠습니까? 이렇게 시키면 처음에는 엄마와 싸우면서도 말을 듣기는 하지만 결국은 수학을 싫어하고 공부까지 하지 않게 됩니다. 만약 더 많이 할 필요가 있다면 그것도 아이가 스스로 결정하도록 하는 것이 무엇보다 중요합니다. 이렇게 무엇이든 스스로 결정하고 실천하게 하는 것이 바로 자기 주도 학습의 시작이기도 합니다.

만약 중학교를 다니는데도 초등학교 때 열심히 하지 않아서 여전히 연산 실력이 부족하다면 무조건 지금 배우는 수학 공부를 날마다 꾸준히 시간을 정해서 연습하십시오. 다만 놀았던 만큼 조금은 더 해야 남들만큼 할 수 있겠죠? 지금이 가장 빠르다는 사실을 잊지 마시길!

이 장을 마무리하기 전에 우리도 앞서 살펴본 바빌로니아인들처럼 계산을 편리하게 해주는 수표를 하나 만들어 볼까요? 다음의 표는 수학 문제를 풀 때 자주 등장하는 수들의 연산을 나타낸 것입니다. 특히 제곱수들의 값은 꼭 외우기 바랍니다. 생각보다 자주, 유용하게 사용하게 될 테니까요. 참, $2^{10} = 1024$도 꼭 기억하세요!

(단, 이 표는 중학생과 고등학생을 위한 것입니다.)

11^2	12^2	13^2	14^2	15^2	16^2	17^2	18^2
121	144	169	196	225	256	289	324
					‖		
2^3	2^4	2^5	2^6	2^7	2^8	2^9	2^{10}
8	16	32	64	128	256	512	1024
			‖		‖		‖
3^3	3^4		4^3		4^4		4^5
27	81		64		256		1024
				5^3		5^4	
				125		625	25^2

※ 같은 수를 두 번 곱해서 얻은 수를 제곱수라고 합니다.

그림 이야기로 돌아가 볼까요? 이집트 시대를 지나서 현대까지도 호루스의 눈은 여러 곳에서 다양한 모습으로 만나게 됩니다. 화가 구스타프 클림트(Gustav Klimt, 1862~1918)가 이것을 소재로 여러 작품을 남겼습니다.

왼쪽 ➡ **구스타프 클림트, 〈아델레 블로흐 바우어의 초상〉, 1907년**
오른쪽 ➡ **구스타프 클림트, 〈기대〉, 스토클레 저택 벽화, 1905~1909년**

위의 두 작품은 클림트의 황금기에 제작된 것으로 그의 개성이 잘 드러나 있습니다. 당시 유럽에는 만국박람회를 통해 중국, 일본 등 동아시아의 도자기나 공예품 같은 미술품이 소개되면서 많은 화가들에게 영향을 미쳤습니다. 클림트 역시 동아시아 미술에 영감을 받았지요. 여기에 이집트나 바빌로니아 등 고대문명의 다양한 문양들과 함께 관능적인 여성 이미지와 화려한 색채 등으로 자신만의 독창적인 화풍을 만들어 인간의 사랑, 성, 죽음 등을 쉽게 알 수 없는 수수께끼 같은 작품으로 내놓으면서 사람들을 매혹시켰습니다. 〈아델레 블로흐 바우어(Adele Bloch-Bauer)의 초상〉이나 〈기대〉에 보이는 눈 모양의 장식이 오래전부터 이집트에서 정형화되어 사용해온 호루스의 눈에서 영향을 받은 것입니다.

이외에도 호루스의 눈은 미국의 1달러 뒷면에서 볼 수 있는데요. 어떤 이는 사랑하는 연인을 위해 호루스의 눈을 본 따 집을 짓기도 하고, 젊은이들에게 인기 있는 타투(문신의 일종)의 대표적인 소재나 목걸이·장신구의 문양으로도 사용되는 등 우리 주변에서 심심치 않게 봅니다. 이 긴 생명력은 어디에서 나오는 것일까? 아무래도 수학적인 의미보다는 주술의 기능이 강해 보입니다. 왕권을 수호하던 호루스의 눈에 점차 악귀나 사악한 것들로부터 자신을 보호

미국 1달러 화폐에 등장하는 호루스 눈은 하느님의 아들 예수 그리스도를 상징한다고 한다.

해 주는 부적의 기능이 더해지는데요, 이 덕분에 사람들에게 여전히 끊임없는 관심을 받고 있답니다.

러시아 부호가 자신의 애인에게 지어준 건물로 스페인의 친환경 건축가 루이스 데 가리도(Luis de Garrido)가 설계했다.

호루스의 눈을 문양으로 그려 넣은 목걸이

2. '호루스의 눈'을 계산하다

옛날 사람들은 황금비를 어떻게 계산했을까?

: 방정식의 역사

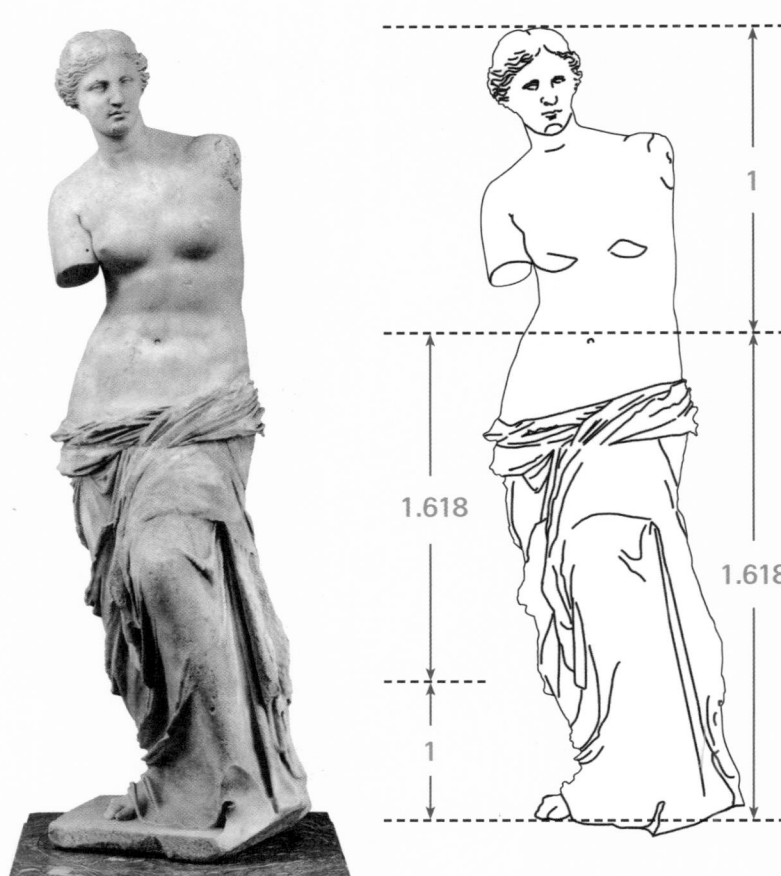

작자 미상,
〈밀로의 비너스〉,
B.C. 130년~B.C. 100년경

〈밀로의 비너스〉는 멜로스(Melos) 섬에서 발견된 작자 미상의 작품입니다. 비너스(venus)로 불리는 작품 중 가장 유명한 조각상이지요. 비너스의 모습이 이 작품처럼 아름다웠다면 트로이의 젊은 왕자 파리스가 가장 아름다운 여인으로 아프로디테(Aphrodite) 즉 비너스를 선택하는 데 다른 여지가 없었을 것 같기도 합니다.※ 비너스는 그리스 신화 속에서는 아프로디테로, 로마 정복 후 라틴어로는 베누스로 불리다가 이후 비너스로 알려지게 된 미와 사랑의 여신입니다.

고대 그리스 미술은 이 작품 정도의 수준에 이르기까지 어떤 단계를 거쳤을까요? 일반적으로 그리스 미술은 크게 4가지로 분류됩니다. 첫 번째는 기하학적 양식(Geometric Style, B.C. 900~B.C. 800)으로 점과 선, 삼각형 등의 기하학적 무늬가 장식된 미술로 대부분 도자기에 많이 등장합니다. 1장에도 나왔던 도자기 작품에서 보셨죠?

두 번째는 아르카익 양식(Archaic Style, B.C. 600~B.C. 480)입니다. 이 시기의 대표적인 조각으로 신전 입구나 무덤에 세워졌던 옷을 걸

※ 1장 16쪽 각주를 참고하세요.

원쪽 ➡ 작자 미상, 〈아나비소스의 코우로스〉, B.C.
525년경
오른쪽 ➡ 작자 미상, 〈아크로폴리스의 페플로스 코레〉,
B.C. 530년경

친 처녀 코레(Kore)와 누드의 젊은 청년 코우로스(Kouros)가 있습니
다. 이 조각들은 이집트의 영향을 받아 한쪽 발은 살짝 앞으로 내밀
고 있지만 상당히 경직된 자세로 서 있으며 특히 코우로스의 머리
카락은 균일한 문양으로 조각되어 있는 것이 특징입니다. 잠깐, 조
각품들의 얼굴을 한 번 보실래요? 살짝 웃고 있죠? 많은 조각품들이
이런 미소를 짓고 있어서 특별히 '아르카익 미소'라는 용어가 만들
어지기도 했어요.

세 번째, 고전양식(Classical Style, B.C. 480~B.C. 323)이 나타났던 시
기는 그리스가 모든 분야에서 가장 발전했던 시기로 미술 또한 최고
의 전성기였습니다. 이 시기에는 아름다움에 대한 개인의 개성을 작

왼쪽 ▶ 프락시텔레스, 〈크니도스의 아프로디테〉, B.C. 350년경, 로마시대 모각

위 ▶ 작자 미상, 〈라오콘 군상〉, B.C. 200년, 로마시대 모각

품으로 표현하고자 했죠. 특히 조각에서는 우아함과 정적이며 균형감 있는 아름다움을 중요시했습니다. 당시에는 이런 미를 표현하기에 가장 적합한 소재가 남자의 몸이라고 생각했던 걸까요? 특히 남성 누드 입상 조각이 두드러지게 많이 등장했던 시기이기도 합니다.

마지막 네 번째, 헬레니즘 양식(Hellenistic Style, B.C. 323~B.C. 31)입니다. 마치 이제 그리스가 사라져버릴 운명이 얼마 남아 있지 않았다는 것을 보여주는 듯 앞선 고전기의 균형과 안정감과는 대조적으로 거칠고 드라마틱한 표현이 많아서 보는 이들에게 강렬한 인상을 남기는 조각들이 이 시기에 많이 제작되었습니다.

〈밀로의 비너스〉는 사실 표정과 자세 등에서는 이전의 고전기의 모습이 좀 남아 있기는 합니다. 하지만 자세히 보면 신체의 비례가 조금 달라졌고 몸의 굴곡은 훨씬 두드러지며 금방이라도 흘러내릴 것 같이 허리에 걸쳐진 치마는 이전과는 다른 관능미까지 느껴지게 합니다. 그런데 뭔가 설명이 약간 부족하다 싶지 않은가요? 그럼 〈라오콘 군상〉을 보시죠. 이제 확연하게 고전양식과 헬레니즘 양식의 차이를 느낄 수 있지 않나요?

비너스와 황금비

〈밀로의 비너스〉는 균형과 비례를 수학적으로 보여주는, 즉 '황금비'가 반영된 작품으로도 유명합니다. 배꼽을 기준으로 상체와 하체의 비, 목을 기준으로 머리와 배꼽까지의 비, 유두 간격과 엉덩이 폭의 비가 모두 약 1:1.618을 이루는데, 이것을 황금비라고 합니다. 정확하게는 1:1.618…인 무한소수인데 반올림을 해서 대부분 1:1.618로 알려져 있습니다. 〈크니도스의 아프로디테〉 조각상을 보면 황금비를 좀 더 쉽게 확인할 수 있어요.

황금비는 기원전 300년경 알렉산드리아의 유클리드(Euclid, B.C. 330?~B.C. 275?)에 의해 최초로 명확하게 정의되었으며 이때는 '외중비(外中比, extreme and mear ratio)'라고 했습니다. 황금분할이라는 명칭은 정확하게는 독일의 수학자 마르틴 옴(Martin Ohm,

3. 옛날 사람들은 황금비를 어떻게 계산했을까?

1792~1872)이 1835년에 발표한 책『순수 기초 수학』 2판에서 처음 사용했다는군요. 이후 1830년대부터 독일의 수학사 및 미술사 문헌에 황금분할이라는 용어가 자주 등장하게 됩니다. 이후 20세기 초 미국의 수학자 마크 바(Mark Barr)는 그리스 조각가 페이디아스 (φειδίας, B.C. 480~B.C. 430)의 이름 머리글자를 따서 황금수를 피(φ)로 표시하기도 했습니다.[7]

그런데 처음부터 이 비율이 미의 기준이었던 것은 아닙니다. 최초로 아름다움에 대한 기준을 제시한 사람은 기원전 5세기 중반 무렵 그리스의 대표적인 조각가 폴리클레이토스(Polykleitos, 약 B.C. 450~B.C. 410 즈음 활동)입니다. 그는 훌륭한 운동선수나 잘생긴 사람의 인체에서 아름다움의 기준을 찾기 위해 많은 연구 자료를 토대로『캐논Kanon』이라는 책을 썼습니다. 이 책에 그는 가장 아름다운 인체의 비례로 인간의 발 길이가 키의 6분의 1이 되고, 양쪽으로 뻗은 팔은 키와 동일해야 되는 등의 기준을 제시하고 비례의 이름도 캐논(Kannon)이라고 정합니다. 캐논은 이후 거의 100년이 넘도록 그리스 조각이 지켰던 미의 기준이 됩니다.

그러다 피타고라스(Pythagora, B.C. 580?~B.C. 500?)에 의해 발견된 비율이 인체에도 적용된다는 것이 알려지면서 리시포스(Lysippos, B.C. 336~B.C. 323)라는 조각가가 8등신을 캐논으로 다시 설정합니다. 현재까지도 미인이 되는 조건으로 일컬어지는 8등신은 배꼽을 중심으로 신체의 비율이 약 1:1.618로 황금비를 이룰 때입니다. 이렇게 미의 기준까지도 수치로 계산해서 정한 그리스 수학을 좀 더 알아보기로 할까요?

지식의 모든 것, 고대 그리스 수학

고대 그리스(B.C. 1100~B.C. 146)인들은 기원전 2000년경 발칸반도 북쪽에서 남쪽으로 이주한 몇 개의 부족으로 이루어집니다. 그런데 지리학적으로 이곳은 산이 많고 평야가 적다보니 자연스럽게 바다로 진출하면서 지중해의 무역과 통상을 통해 크게 성장하죠. 이런 상공업의 발달과 지리적 환경으로 사회 · 정치적으로 독립된 폴리스, 즉 도시국가들이 만들어지는데 이후 그리스는 이 폴리스를 중심으로 발전합니다. 특히 그리스는 지중해안 주변 국가들을 식민지로 만들어가면서 선진문화를 적극적으로 받아들여 독특한 자신들의 문화를 만들어가죠. 무엇보다 수학과 밀접한 관계가 있는 토론 문화가 발달합니다.

이 지역은 지중해성 기후로 여름은 덥고 건조하며 겨울에도 따뜻하여 1년 내내 밖에서 활동할 수 있었죠. 그러다보니 광장에는 항상 사람들이 모여들었고 연극, 축제 등 야외에서 할 수 있는 다양한 문화 활동이 활발하게 이루어졌습니다. 또한 이렇게 모여 있다 보니

3. 옛날 사람들은 황금비를 어떻게 계산했을까?

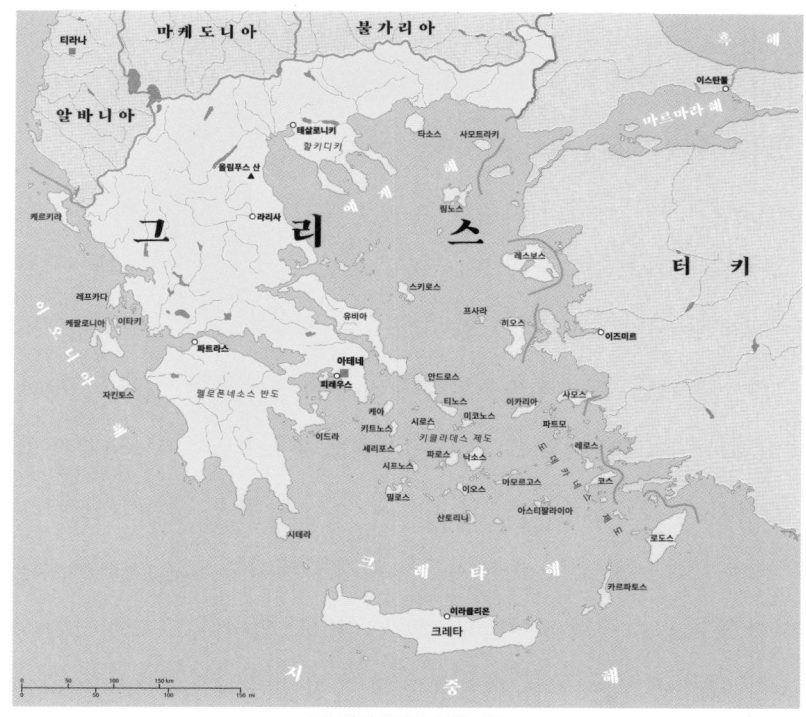

오늘날의 그리스 주변 지도

자신들의 삶과 관계된 정치, 경제, 사회 등에 관해 서로 의견을 나누는 분위기가 만들어졌습니다. 그리스만이 가지고 있었던 독특한 토론 문화는 지적 욕구를 자극하고 논리적인 사고를 발달하게 했으며 수학이 발전할 수 있는 좋은 토대가 되었지요.

체계적으로 관찰하고 그 원리를 찾고자 하는 그리스인들의 탐구적인 자세는 그저 생활 상식에 불과했던 지식들을 모아서 '수학'이라는 학문을 만들게 했습니다. 특히 기하 문제의 논증적 증명에 집중함으로써 기하학을 체계화하는 데 큰 기여를 하게 됩니다. 하지만 실생활에 필요한 계산 문제는 단순히 계산 술(術)로 취급, 학문의 대상으로 다루지 않았다고 하네요.

16세기까지 유럽의 기하학은 그리스 기하학에 크게 신세를 지고 있었습니다. 이는 거의 대부분 그리스 발전의 절정기였던 기원전 500년~기원전 400년에 정리된 것들이었지요. 많은 기여를 했던 학파들을 보면 첫 번째는 서양철학의 시조라 불리는 탈레스(Thales, B.C. 624?~B.C. 545?)와 그를 따르던 **이오니아학파**(Ionia school)가 있습니다.

탈레스는 어떤 것에 대한 이유를 따져 증명하는 일을 처음 시작한 사람으로 '논증 수학의 아버지'라고 불리기도 합니다. 그가 발견한 정리로 알려진 것은 '지름은 원의 면적을 이등분한다, 두 맞꼭지각은 같다, 두 쌍의 각과 그들의 사잇변이 같은 두 삼각형은 서로 합동이다' 등이 있습니다. 탈레스는 이런 증명들을 이용해서 해안으로부터 멀리 떨어져 있는 배까지의 거리를 계산한다거나 피라미드의 높이를 계산하는 등, 수학의 정리를 실생활에 활용한 많은 예를 남겼습니다.

두 번째로 **피타고라스학파**는 음악, 천문학, 기하학 그리고 정수론까지 다양한 분야에서 수학의 역할을 연구했습니다. 피타고라스 음계를 만들기도 하고 계산 기술이 아닌 수 자체의 성질을 연구해서 그 특징에 따라 홀수, 짝수, 완전수, 과잉수, 친화수 등과 같은 이름을 붙이기도 하고요. 피타고라스 정리, 황금비, 정사면체 등의 기하학 연구에도 많은 업적을 남겨 수학사에서 대표적인 학파로 자리매

김하고 있습니다.

세 번째로 **엘레아학파**(Eleatic School)는 사실 수학을 중요시하지는 않았던 이들입니다. 그러나 이들의 철학은 수학사에 큰 영향을 미치는데 이 학파에 속했던 제논(Zenon, B.C. 490?~B.C. 429?)의 역설이 유명합니다. 이 역설 중에서 '아킬레우스와 거북이의 역설', '화살의 역설', '이분법의 역설' 등이 잘 알려져 있습니다.[※] 이 주장들이 운동과 연속에 관해 남긴 문제들은 이후 수학과 철학의 발전에 중요한 영향을 미칩니다. 제논의 역설은 미적분 편에서 또 한 번 만나게 될 거예요.

무엇보다 특별한 이 학파의 공적은 귀류법이라는 새로운 증명법의 발견입니다. 이전까지 사용되고 있었던 증명법은 연역법과 귀납법이었습니다. 연역법은 흔히 3단 논법으로도 알려져 있는데 '사람은 죽는다. 소크라테스는 사람이다. 고로 소크라테스는 죽는다.'와 같은 예가 있어요. 이것이 참이기 위해서는 완벽하게 성립하는 가정

[※] 아킬레우스와 거북이의 역설: 발이 빠르기로 유명한 트로이의 영웅 아킬레우스와 거북이가 경주를 한다고 가정하자. 이때, 거북이가 A만큼 앞서 출발한다면 아킬레우스가 A만큼 갔을 때 거북이는 다시 B만큼 더 가게 되며 아킬레우스가 B만큼을 갔을 때 거북이는 다시 C만큼 더 가 있을 것이다. 결국 아킬레우스는 거북이를 따라 잡을 수 없다.
화살의 역설: 날아가는 화살을 찰나의 순간 보았을 때 그것은 각각 특정한 지점에 멈춰 있어서 운동을 하는 것이 아니다.
이분법의 역설: 물체가 하나의 지점에서 다른 지점으로 간다고 할 때 중간지점을 반드시 통과해야 한다. 그러나 이때 물체가 도착점을 향해 절반을 가고 다시 남은 거리의 절반을 가고 또다시 남은 거리의 반을 가는 현상이 무한히 일어나므로 유한한 시간 동안 물체는 다른 목표점에 도달할 수 없다.

이 필요했는데 이를 찾아내는 것이 쉽지 않았습니다.

귀납법은 많은 자료들을 통해 공통점을 찾아 결론을 만들어내는 것이죠. 예를 들어 '영희는 수학을 좋아한다. 철수도 수학을 좋아한다. 영희와 철수는 우리 학교 학생이다. 그래서 우리 학교 학생들은 수학을 좋아한다.' 이 결론이 참이라고 할 수 있나요? 참이 아닙니다. 귀납법은 언제라도 그 결론이 틀릴 수 있는 가능성이 있는 증명법입니다.

그런데 귀류법이라는 새로운 증명법이 발견된 것입니다. 이 증명법은 어떤 말이 참이라는 것을 증명하기 위해 결론을 부정하여 그것이 틀렸다는 것을 통해 그 결론이 진실이었음을 증명하는 간접증명법입니다. 예를 들면 만약 $\sqrt{2}$가 무리수임을 증명하라고 하면 결론을 부정해서, 즉 $\sqrt{2}$는 유리수라고 시작해서 유리수가 아님을 증명하여 무리수라는 것을 밝히는 것입니다.

귀납법이나 귀류법은 연역법에 비해 증명법이 확실하지 않다고 생각했는지 발견 당시에는 거의 사용되지 않았다고 합니다. 그러다 약 17세기 즈음부터 적극적으로 사용하게 되면서 수학과 과학의 눈부신 발전에 크게 기여하게 됩니다.⊠

이외 직업적으로 정치와 학문 연구에만 매달렸던 소피스트(so-

⊠ 이 두 증명법은 학교 교과과정에도 포함되어 있어 귀류법은 고등학교 1학년 때, 귀납법과는 조금 다른, 즉 이미 발견된 사실을 검증하는 방법인 수학적 귀납법은 고등학교 2학년 때 배우게 됩니다.

3. 옛날 사람들은 황금비를 어떻게 계산했을까?

phist)들도 있는데 이들의 이름에서 지혜(sophia)를 사랑(phil)한다는 뜻의 철학이라는 단어 philosophy가 만들어지기도 합니다. 그리고 마지막으로 플라톤학파는 정의, 공준, 공리, 정리 등과 같은 연구를 시작해 무엇보다도 수학이 논리적인 학문이 될 수 있는 철학적 발판을 마련하는 데 큰 역할을 했습니다.

수학(mathematics)이라는 용어도 그리스어 마테시스(mathesis)에서 파생한 것으로 의외로 수, 계산 등의 뜻은 전혀 없고 배움, 지식이라는 의미로 당시에는 배우는 모든 것을 의미했다고 합니다. 그렇다면 우리가 언제부터 mathematics를 수학(數學)이라고 번역해 사용하게 되었을까요? 수학(數學)이라는 용어는 한국, 중국, 일본 등에서 사용되는 mathematics의 대응어로 19세기에 만들어진 한자어입니다. 서양 수학이 전해지기 전 전통수학은 산학(算學)이라고 불렸는데 1853년 영국 선교사 알렉산더 와일리(Alexander Wylie, 1815~1887)가 서양 수학 책을 번역하면서 기존의 중국 전통수학과 구분하기 위해 제목을 『수학계몽數學啓蒙』이라고 붙인 것을 계기로 '수학'이라는 용어가 사용되었다고 합니다.

황금비와 그리스 수학자

그리스의 많은 수학자 가운데 황금비와 밀접한 관련이 있는 사람은 피타고라스입니다. '만물은 수이다.'라고 할 만큼 수에 대한 믿음이 컸던 그는 수는 일정한 크기와 모양이 있다고 생각해서 모든 수에 각각의 의미와 모양까지 부여할 정도로 열정적으로 연구를 했습니다.

특히 피타고라스학파는 꼭짓점이 다섯인 별모양으로 5를 의미하는 펜타그램(Pentagram)을 그들을 상징하는 기호로 사용하기까지 합니다. 게다가 이들은 아래 그림에서 보듯이 정오각형의 각 꼭짓점을 연결했을 때 선분 사이에 성립하는 비율을 가장 이상적인 아름다움이라고 생각합니다. 그런데 바로 이 비가 황금비와 일치하고 있는 것입니다.

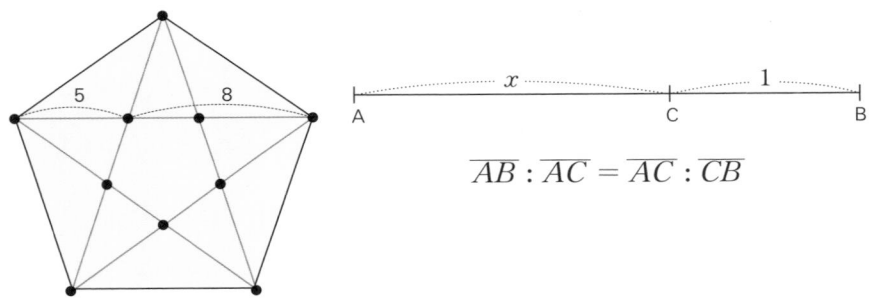

$$\overline{AB} : \overline{AC} = \overline{AC} : \overline{CB}$$

황금비는 약 1:1.618로 간단하게 사용하고 있지만 정확하게는 1:1.61803…이라는 무한소수입니다. 그래서 이와 비슷한 값이 나오는 3:5, 또는 5:8 등과 같은 다양한 비례식으로 황금비를 나타내기도 합니다. 하지만 정확한 비례는 오로지 기하학적으로만 나타낼 수 있는 것으로 위의 오른쪽 그림에서 $\overline{AB} : \overline{AC} = \overline{AC} : \overline{CB}$ 가 성립

3. 옛날 사람들은 황금비를 어떻게 계산했을까?

할 때입니다.

이 비례식에 미지수를 사용해서 쓰면 $x+1 : x = x : 1$이며 다시 정리하면 $x^2-x-1=0$과 같은 2차 방정식이 됩니다. 그런데 당시에 이 식이 2차 방정식이라는 것을 알았을까요? 당대의 수학자 헤론(Heron, ?~?)이나 디오판토스(Diophantos, 246?~330?)가 다른 문제를 풀다 2차 방정식을 발견한 기록은 있습니다. 하지만 2차 방정식의 해법은 12세기가 되어서야 정확히 알려집니다. 그렇다면 언제부터 황금비를 방정식을 이용해서 계산해 낼 수 있게 된 것일까요? 해답을 찾으려면 방정식의 역사를 훑어봐야 합니다.

방정식의 시작

영어로 방정식을 뜻하는 equation은 equal과 어원이 같습니다. 두 양을 같다고 놓은 것이라는 뜻입니다. 이를 '방정식(方程式)'이라는 용어로 사용하게 된 것은 중국의 수학책 『구장산술』에 있는 방정(方程)에서 유래합니다. 총 9장으로 구성된 이 책의 8번째 장이 '방정'이었습니다. 그 내용은 연립방정식의 해법으로 계수들을 마방진과 같은 틀 안에 써놓고 이리저리 더하고 빼고 하면서 해를 구하는 과정을 다루고 있었습니다. 이를 사각형(方) 안에서 이루어지는 과정(程)이라는 의미로 방정(方程)이라고 불렀지요.

현재 수학책에서 '방정식'의 정의는 변수를 포함하는 등식으로, 변수의 값에 따라 참 또는 거짓이 되는 식이라고 되어 있습니다. 좀 더 쉽게 표현하면 미지수를 포함하고 있는 등식을 방정식이라고 하며 미지수의 개수에 따라 1차, 2차, 3차 이상을 고차 방정식이라고 합니다. 1차 방정식이면 답도 하나, 2차면 두 개, 미지수의 개수만큼 답을 구할 수 있는 것이죠.

1차 방정식을 누가 만들고 해법을 찾아냈는지에 관해서는 알려진 바가 없습니다. 남아 있는 가장 오래된 수학책인 모스코바 파피루스(Moscow papyrus, B.C. 1850)와 린드 파피루스(Rhind Papyrus, 약 B.C. 1650년경 제작)를 통해 오래 전부터 사용되고 있었다는 사실만 확인할 수 있어요.

린드 파피루스에 실린 1차 방정식 문제를 한번 볼까요? '아하와 아하의 $\frac{1}{7}$의 합이 19일 때 아하를 구하라.'와 같이 대부분 문장으로 되어 있습니다. 이때는 아직 해법이 따로 없었기 때문에 해를 구하기 위해 적당한 값을 어림짐작해서 풀었다고 합니다. 즉, 가정을 하는 것이죠. 모르는 것에 맞는 답이라고 생각되는 적당한 값을 대입해서 푸는 방법이 방정식 해법의 시작이었던 것입니다. 이 방법은 여러분도 가끔 유용하게 사용하는 방법입니다. 혹시 어려운 방정식 문제를 풀 때, 특히 선다형 문제일 때 제시된 숫자를 대입해서 운 좋게 맞혔던 경험이 있지 않나요? 이 방법이 꼭 틀린 것만은 아니었다는 것을 아시겠죠? 여러분은 가장 기본적인 방정식의 해법을 따라

문제를 풀었던 것입니다

현재 사용하는 1차 방정식의 해법은 인도 수학자 알콰리즈미(al-Khwarizmi, 780~846)가 쓴 최초의 대수학 책인『복원과 축소의 과학 *Al-gebrw'almuquabala*』에 처음 체계적으로 소개됩니다. 1차 방정식의 해법에서 가장 중요한 것은 '**이항법**'입니다. 이항법은 알콰리즈미가 시장에서 물건을 이쪽저쪽으로 옮기며 무게를 측정하는 데 쓰는 천칭저울을 보다가 우연히 발견했다고 하네요.

그럼 2차 방정식은 언제 나타났을까요? 이집트나 메소포타미아의 기록에 단편적으로 등장하기는 하지만 이를 체계적으로 연구한 사람은 헤론으로 추측하죠. 고대 그리스의 디오판토스도 그의 책에서 특수한 2차 방정식을 풀긴 합니다. 그러나 아직 음수가 발견되지 않아 일반적인 해법이 만들어지진 못했죠. 이후 0의 개념이 명확해지면서 이를 바탕으로 2차 방정식에 두 개의 해가 있다는 것까지도 인도인들이 찾아냅니다.

아리아바타(Aryabhatta, 476~550?)와 브라마굽타(Brahmagupta, 598~660)가 2차 방정식의 해를 얻기는 했지만 이들도 양근과 음근을 정확하게 사용하지는 못했습니다. 브라마굽타가 그의 저서『싯단타*Siddhanta*』에서 2차 방정식의 좌변을 완전제곱꼴로 풀면서 **근의 공식**을 이용하지만 이때 양의 제곱근만을 해라고 함으로써 여전히 불완전한 해법을 보여주었습니다.

이렇게 불완전한 2차 방정식의 해법은 마침내 12세기 인도 수학자 바스카라(Bhaskara, 1114~1185)가 정리합니다. 그는 2차 방정식의 해가 두 개 있다는 것과 어떤 수의 제곱근에는 양과 음, 두 가지가 있다는 것까지도 분명하게 설명합니다. 게다가 현재 사용하고 있는 2차 방정식의 해법인 근의 공식도 그가 만들었죠.

그런데 그가 밝힌 기록을 보면 '양수의 제곱도 음수의 제곱도 양수이다. 따라서 양수의 제곱근은 두 개 있고, 그 하나는 양수, 다른 하나는 음수이다. 그러나 음수의 제곱근은 존재하지 않는다. 왜냐하면 음수는 절대로 어떤 수의 제곱이 될 수는 없기 때문이다.'라고 되어 있습니다. 그러니까 바스카라는 아직 허수가 발견되기 전이었기 때문에 음수의 제곱근은 없는 것으로 보았던 것입니다.

이후 허수의 발견과 함께 2차 방정식의 해법은 완전하게 해결됩니다. 재미있는 것은 현재도 허수를 배우지 않은 상태인 중학교 3학년까지 2차 방정식의 풀이에서 허수가 나오면 근은 없다고 배웁니다. 고등학교 1학년 때 허수를 배운 후에야 2차 방정식의 해법을 완전하게 풀 수 있게 되는 것이죠.

3차 방정식 해법을 둘러싼 수학자들의 전쟁

방정식은 그 후 어떻게 변했을까요? 14세기가 되어서야 유럽에

3. 옛날 사람들은 황금비를 어떻게 계산했을까?

인도에서 해결된 2차 방정식의 해법과 함께 인도-아라비아 숫자가 유입된 후 많은 수학자들이 3차 방정식에 관심을 갖게 되었습니다. 그러나 특수한 경우를 제외하고는 풀 수 없었습니다. 특히 16세기 초 이탈리아에서는 정해진 기간 안에 많은 문제를 푸는 사람이 이기는 수학 시합이 유행했는데 이런 시합은 수학자로서의 명성과 부를 얻을 수 있는 좋은 기회였습니다. 그래서 매번 우승자가 되고 싶었던 많은 수학자들은 해법을 발견했어도 즉시 공표하지 않았다고 합니다. 그런데 이런 시합에 단골 출제 문제가 3차 방정식이었다고 하니 이 해법을 수학자들이 얼마나 알고 싶어 했을지 짐작이 가고도 남지요.

최초의 3차 방정식의 해법을 발견한 사람은 볼로냐 대학 수학교수였던 페로(Scipione del Ferro, 1465?~1526?)입니다. 1505년 3차 방정식을 $x^3+mx=n$ 꼴로 변형해서 푸는 방법을 발견했지만 그 결과를 발표하지 않고 제자이자 사위인 피오르(Antonio Maria Fior, ?~?)에게만 알려주고 죽었습니다. 이후 30년이 흘러 1535년경, 실제 성은 폰타나(Fontana)인데 말더듬이라는 별칭으로 더 유명한 타르탈리아(Nicilo Tartaglia, 1500~1557)가 1차 항이 없는 3차 방정식의 대수적 해법을 발견하죠. 이후 피오르와 타르탈리아가 3차 방정식을 푸는 시합을 해서 타르탈리아가 큰 명성을 얻게 되지만 해법은 당연히 발표하지 않았습니다.

그런데 이 해법을 무척 알고 싶었던 수학자가 있었죠. 이미 마법사, 의사, 점성술사 등으로 유명했으며 여러 분야에 관심이 많았던 카르다노(Girolamo Cardano, 1501~1576)였습니다. 그는 타르탈리아에게 솔깃한 제안을 합니다. 자신에게 해법을 알려주면 절대로 다른 사람에게 알리지 않는다는 약속과 함께 좋은 후원자를 소개시켜 주겠다고 한 것입니다. 타르탈리아는 이 제안을 뿌리치지 못합니다. 왜냐하면 타르탈리아는 수학적 재능은 뛰어났지만 언어장애 때문에 후원자가 없어 경제적으로 힘들게 살고 있었거든요. 그런데 카르다노는 약속을 어기고 1545년에 그의 책 『위대한 기술*Art Magna*』에 이 해법을 실어서 출판을 해 버립니다.

이후 너무 억울했던 타르탈리아와 표절이 아니라고 주장하는 카르다노 둘 사이의 싸움은 오랫동안 계속되었으며 수학사에도 유명한 사건으로 남아 있습니다. 그래서 처음에는 3차 방정식의 해법을 카르다노 공식으로 불렀지만 모든 것들이 밝혀지면서 카르다노-타르탈리아 공식이라고 부르게 됩니다.

이런 논쟁에도 불구하고 카르다노는 죽을 때까지 131권을 출판하고 111권이 원고 상태로 남겨질 만큼 폭넓은 주제로 많은 책을 썼습니다. 도박을 좋아해서 확률에 관한 저서를 남기기도 하지요. 그가 쓴 『주사위 놀이에 대하여』는 확률에 관한 최초의 저서입니다. 이 책 때문에 특별히 카르다노는 6장 확률의 역사를 다룰 때 다시 한 번 만나게 될 것입니다.

그런데 『위대한 기술』에는 카르다노가 풀이를 찾는 데 실패한 4

차 방정식의 해법도 실려 있습니다. 해법을 푼 주인공은 카르다노의 제자 페라리(Ludovicco Ferrari, 1522~1565)였습니다. 그는 3차 방정식을 푸는 규칙을 이용해서 1544년에 4차 방정식의 해법을 발견합니다. 페라리는 열다섯 살에 카르다노의 하인으로 들어왔다가 그의 재능을 알아본 카르다노가 죽은 아들을 대신해서 양자로 삼아 수학을 가르쳐 이후 볼로냐 대학 교수까지 된 인물입니다. 그러나 43세의 나이로 의문사를 당한 비운의 수학자이지요.

이렇게 16세기 3, 4차 방정식의 해법이 이탈리아에서 해결되면서 발견된 것은 복소수입니다. 볼로냐의 수학자 봄벨리(Rafael Bombelli, 1526~1573)가 카르다노의 공식을 통해 문제를 풀다가 **허수**[X]를 접하고서 '궤변적인 수'라 부르기도 했죠. 그 후 실수의 사칙연산 규칙을 적용해서 지금 우리가 사용하고 있는 **복소수**의 연산법칙을 만들게 됩니다. 이로써 현재 사용되고 있는 수의 전 범위가 모두 발견되었습니다.

[X] 허수는 제곱을 해서 음수가 되는 수로 기호로는 $\sqrt{-1}=i$로 나타냅니다.
그래서 실수와 허수를 합해서 쓰는 $a+bi$를 복소수라고 하며 여기에서 $b=0$이면 실수가 됩니다.

5차 방정식의 해법에 도전한 수학자들

현재 우리는 몇 차 방정식까지 풀 수 있을까요? 지금까지 발견된 것으로는 5차 이상 방정식의 대수적 해법은 없다는 것만이 아벨(Niels Henrik Abel, 1802~1829)과 갈루아(Evariste Galois, 1811~1832)에 의해 밝혀졌습니다. 5차 이상의 방정식의 대수적 해법의 가능성은 17, 18세기까지 아무런 결실을 보지 못했습니다. 그러다 19세기에 와서야 아벨이 1826년 《크렐레》라는 수학 잡지에 「5차 및 5차 이상의 방정식의 대수적 해법의 불가능성」이라는 논문을 통해 5차 이상의 경우 근이 없다가 아니라 근이 있지만 3, 4차 방정식의 근의 표현으로는 나타낼 수 없다는 것을 밝혔습니다.

특히 갈루아는 1828년에 5차 이상의 방정식을 대수적으로 풀 수 없다는 것을 증명한 「방정식의 일반해에 대하여」라는 논문을 파리 아카데미에 제출했는데 그의 논문이 분실되었고, 이후 1830년에 쓴 논문 또한 심사를 맡은 푸리에(Jean Baptiste Joseph Fourier, 1768~1830)가 갑자기 죽는 바람에 묻힙니다. 게다가 갈루아가 2년 후 20세의 나이로 요절하면서 그의 연구는 완전히 잊힐 뻔했습니다. 다행히 죽기 전날 갈루아는 친구에게 유서가 된 편지를 남깁니다. 편지에는 5차 이상의 대수방정식이 대수적으로 풀리기 위한 필요충분조건을 제시함으로써 일반적인 대수적 해법이 없다는 내용이 포함되어 있었고,

방정식과 관련된 인물			
이름	생몰연도	국가	관련 방정식
아리아바타(Aryabhatta)	476~550?	인도	2차 방정식
브라마굽타(Brahmagupta)	598~660	인도	
알콰리즈미(al-Khwarizmi)	780~846	아라비아	1차 방정식
바스카라(Bhaskara)	1114~1185	인도	2차 방정식
페로(Scipione del Ferro)	1465?~1526?	이탈리아	3차 방정식
피오르(Antonio Maria Fior)	1506년경	이탈리아	3차 방정식
타르탈리아(Nicilo Tartaglia)	1500~1557	이탈리아	3차 방정식
카르다노(Girolamo Cardano)	1501~1576	이탈리아	3차 방정식
페라리(Ludovicco Ferrari)	1522~1565	이탈리아	4차 방정식
봄벨리(Rafael Bombelli)	1526~1573	이탈리아	3, 4차 방정식
푸리에(Joseph Fourier)	1768~1830	프랑스	5차 이상의 방정식
아벨(Niels Henrik Abel)	1802~1829	노르웨이	
갈루아(Evariste. Galois)	1811~1832	프랑스	

* 이외에도 방정식 연구에 기여한 많은 수학자들이 있었습니다.

이는 수학사에 갈루아라는 이름을 남기게 한 중요한 기록이 됩니다.

교과서에서 방정식은 언제, 어떻게 배울까?

5차와 6차 방정식의 해법이 없다는 것까지 밝혀진 현재, 교과서에서는 몇 차 방정식의 해법까지 배우게 될까요?

방정식은 초등학교 때부터 배우지만 방정식이라는 용어를 본격적으로 사용하는 시기는 중학교 1학년부터입니다. 문자를 이용한 연산의 시작, 다시 말해 숫자만 접하다가 갑자기 문자로 숫자를 대신해서 푸는 것은 그렇게 쉬운 일이 아닙니다. 특히 문장을 식으로 세워야 하는 문제들이 나오면서 수학이 갑자기 너무 어려워진다고 느낄 수 있습니다. 그래서인지 문자가 사용되는 1차 방정식의 여러 가지 유형은 중학교 2학년 때까지 교과서에 등장합니다. 문자를 이용하는 데 익숙해지기 위해 거의 2년의 시간을 보내는 것이죠.

마침내 1차 방정식을 완전히 알게 된 중학교 3학년이 되어서야 2차 방정식을 배우기 시작합니다. 2차 방정식 해법으로 현재 **인수분해**와 **완전제곱식** 그리고 **근의 공식**이라는 3가지 방법을 배우는데 인수분해가 가장 많이 쓰이고 인수분해가 안 될 때 근의 공식을 사용하게 됩니다. 인수분해는 2차 방정식을 2개의 1차 방정식의 곱의 꼴로 만드는 방법이기도 한데 이렇게 푸는 방법을 최초로 만든 수학자는 해리엇(Thomas Harriot, 1560~1621)입니다. 부등호를 처음으로 사용한 기록이 있기도 한 『해석술의 연습*Aris analyticae praxis*』이란 책에 인수분해 풀이도 소개하고 있습니다.

그 외 완전제곱식은 이 식에서 유도해서 만들어진 '근의 공식'이 주로 사용되면서 2차 방정식의 해법으로는 거의 사용되지 않습니다. 하지만 완전제곱식은 이후 2차 함수에서 필요하니 꼭 알아두고 지나가야 합니다. **근의 공식**은 1차 항의 계수가 **짝수**일 때는 약분된

3. 옛날 사람들은 황금비를 어떻게 계산했을까?

교과서 속 방정식		
중학교 1학년 1학기	중학교 2학년 1학기	중학교 3학년 1학기
III. 문자와 식 1. 문자의 사용과 식의 계산 2. 1차 방정식의 풀이 3. 1차 방정식의 활용	**III. 연립방정식** 1. 연립방정식 2. 연립방정식의 활용 **V. 2차 함수** 2. 2차 함수와 1차 방정식의 관계	**II. 2차 방정식** 1. 인수분해 2. 2차 방정식 3. 2차 방정식의 활용

고등학교 1학년 1학기	고등학교 2 · 3학년
I. 다항식 1. 다항식의 연산 2. 나머지정리와 인수분해 **II. 방정식** 4. 2차 방정식 5. 2차 방정식과 2차 함수 6. 여러 가지 방정식	이외에 지수 · 로그 방정식과 삼각함수 방정식이 있지만 교과과정에서는 빠져 있습니다. 특히 고등학교 2학년 때는 미적분을 중점적으로 배우게 되는 시기입니다. 하지만 방정식의 해법은 미적분 풀이에서도 사용된다는 사실을 꼭 기억하세요!

식 하나를 더 가르쳐줄 것입니다. 물론 원래의 식을 이용해도 됩니다. 하지만 숫자가 커지면 훨씬 연산이 힘들어지니 귀찮다고 하나만 외우지 말고 꼭 따로 외워두고 사용하시기 바랍니다. 그런데 이미

⧖ 2차 방정식의 해법 중 근의 공식

$$ax^2 + bx + c = 0 \, (단, a \neq 0)$$

$$x = \frac{-b \pm \sqrt{b^2 - 4ac}}{2a}$$

$$x = \frac{-b' \pm \sqrt{b'^2 - ac}}{a} \quad (단, b가 짝수일 때 \, b' = \frac{b}{2})$$

지적했듯이 이때 배우는 2차 방정식의 해법은 아직 불완전합니다. 즉 중학교 3학년까지는 허수가 나오면, 그러니까 근호 안에 음수가 나오면 근이 없다고 배웁니다. 이후 고등학교 1학년 때 허수를 배운 후에야 비로소 2차 방정식을 완전히 풀 수 있게 되는 것이죠.

마지막으로 3차 이상의 고차 방정식은 고등학교 1학년 때 배우게 됩니다. 교과서에 나오는 고차 방정식은 대부분 몇 가지 유형들과 조립제법이나 치환해서 푸는 방법 등 새로운 해법들도 배우지만 인수분해 공식을 기본으로 하고 있으니 꾸준히 연습을 하면 크게 어렵지는 않을 것입니다. 이외에도 지수 · 로그 방정식, 삼각방정식이 있지만 고등학교 교과과정에는 빠져 있습니다. 좀 더 자세한 내용은 89쪽 표를 참고하길 바랍니다. 무엇보다 방정식 해법에서 가장 중요한 것은 인수분해라는 사실을 명심하세요!

방정식과 통합형 문제를 잡아라

방정식은 변신의 귀재입니다. 이것이 함수가 되어 좌표평면으로 옮겨져 도형으로 변형되기도 하며 다시 거꾸로 도형을 좌표평면으로 옮겨 함수식으로 또는 방정식으로도 바뀌기도 하기 때문입니다. 특히 방정식이 교과과정에서 무엇보다 중요한 것은 여러 개념이 합쳐

3. 옛날 사람들은 황금비를 어떻게 계산했을까?

져서 풀어야 하는 통합 유형의 문제가 만들어지는 그 시작점이기 때문이죠. 그러니까 방정식은 통합 유형의 문제를 빠른 시간 안에 자유자재로 풀 수 있는 힘을 기르기 위한 첫 번째 관문이기도 합니다.

많은 복합형 문제들은 푸는 방법을 생각해 내느라 연산에 쓸 시간이 굉장히 짧습니다. 그러니 마지막 마무리에 이용하게 될 방정식의 해법은 식을 보면 바로 해를 구할 수 있을 만큼 많은 연습을 해서 푸는 시간을 최대한 단축할 필요가 있습니다. 그러나 걱정할 것은 없습니다. 따로 연습을 하는 것이 아니라 날마다 꾸준히 수학 공부를 한 사람이면 어느 정도 시간이 지나면 다들 인수분해는 보면 바로 풀 수 있을 만큼 쉽게 할 수 있게 되니 말이에요.

이렇게 공식을 외우고 익숙해지기 위해서는 분명 많은 문제들을 풀어볼 필요가 있습니다. 그런데 많이 풀어본다고 수학을 잘할 수 있냐고요? 그건 전혀 별개의 문제인 것 같습니다. 물론 많이 푸는 것이 도움이야 되겠지만 수학은 한 문제라도 어떻게 푸는가가 더 중요하다는 것이 제 생각입니다. 그렇다면 어떻게 풀어야 하냐고요? 그 이야기는 다음 단원에서 다시 나눠 보겠습니다.

그림 속 황금비로 돌아가 볼까요? 고대 그리스 시대 이 비율은 미의 기준으로 예술이나 건축 등에 많은 영향을 미쳤습니다. 하지만 이후 신이 중심이 된 중세에 예술은 기독교 교리를 아름답고 상징적으로 표현하기 위한 하나의 도구에 불과해집니다. 그래서 이 시기에는 예술가가 아닌 길드에 속한 장인들이 정해진 도상학적 기준—물고기는 예수 그리스도, 백합꽃은 마리아, 사도는 양 등—에 의해 마치 찍어내듯이 그림을 그리게 되죠. 그러니 자연스럽게 인간의 아름다움을 표현하고자 했던 황금비는 쓸모가 없어집니다.

이렇게 잊혀가고 있던 황금비는 신 중심의 세상에서 벗어나 문화의 절정기였던 고대로 돌아가기를 열망했던 르네상스 시대가 시작되면서 많은 예술가들에 의해 다시 미의 기준으로 부활하게 됩니다. 마치 예술의 재생, 부활을 뜻하는 르네상스를 대변하는 것처럼 말이죠. 특히 르네상스 시대, 황금비에 관심을 가졌던 대표적인 작가 중 한 명이 레오나르도 다빈치(Leonardo da Vinci, 1452~1519)입니다. 그의 황금비를 보여주는 작품들은 아주 유명하죠.

이후 황금비는 피보나치 수열에 의해 그 응용범위가 확장되는데요. 이 수열은 레오나르도 피보나치(Leonardo Fibonacci, 1170?~1250?)가 발견한 것입니다. 피보나치는 "토끼에 대한 모든 생각은 토끼이다"라는 문제를 통해 앞의 두 수의 합이 다음 수가

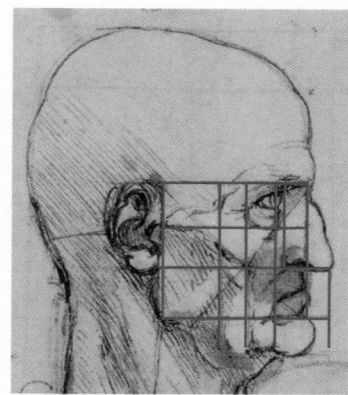
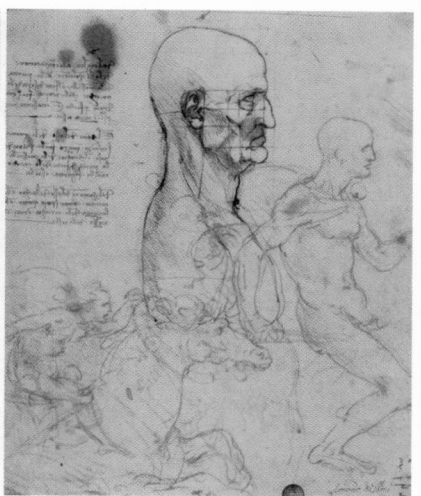

위 ➡ 레오나르도 다빈치, 〈머리 측정도와 기사〉, 1490
　　년경과 1504년경
왼쪽 ➡ 레오나르도 다빈치, 〈모나리자〉, 1503~1506년

되는 수의 배열(피보나치 수열)을 발표하는데 1, 1, 2, 3, 5, 8, 13, 21, 34, 55, …과 같은 수열을 말합니다. 1611년 요하네스 케플러 (Johannes Kepler, 1571~1630)는 피보나치 수열이 뒷항으로 갈수록 인접한 두 수의 비가 황금 수에 가까워진다는 것을 알아냄으로써 피보나치 수열과 황금비가 연관이 있음을 밝혀냈습니다.

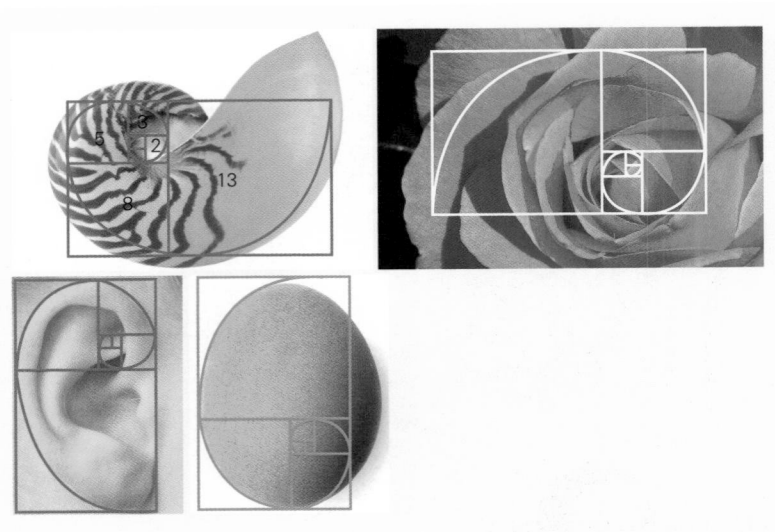

　특히 피보나치 수열은 파인애플, 해바라기 등의 식물뿐만 아니
라 앵무조개, 숫양의 뿔과 코끼리의 상아, 달팽이 껍질 등과 같은
자연 속에서 일치하는 것들을 많이 찾을 수 있습니다. 그래서 케플
러는 황금비가 신이 만물을 창조할 때 사용한 기본 도구였다고 믿
었다고 하지요.

　요즘은 다음 그림에서처럼 간단히 네 개의 막대로 황금비를 그
릴 수 있는 작도기를 직접 만들어서 여러 가지 도형이나 얼굴 등
을 황금비로 그려 보는 수학 체험을 하기도 하더군요. 이 작도기
의 원형은 폼페이(Pompeii) 유적에서 발견되었는데 괴어링(Adalbert
Goeringer, ?~?)이 1893년에 개발한 것입니다. 기회가 있다면 한번
만들어서 여러분의 얼굴이 황금비에 얼마나 가까운지 측정해 보실

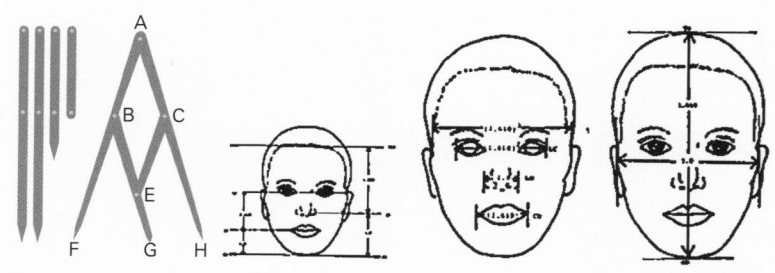

래요? 개인적으로 개성을 인정해 주는 현대에 살고 있는 것이 참 다행이다 싶습니다.

지금도 여전히 〈모나리자〉의 얼굴 크기와 비교하여 황금비로 '미인'을 설명하는 이들도 있지만 현대 예술에 진입하면 아름다움의 기준으로서 의미는 거의 사라집니다. 그럼에도 불구하고 현재 우리 일상의 삶과 밀접한 관계를 맺으며 이용되고 있어요.

영화관 스크린이나 컴퓨터 모니터, 핸드폰, 명함 등과 같은 일상 용품의 두 변의 비가 황금비에 가깝고 그밖에도 이용하는 곳은 많습니다. 지금 가방 속 물건들 중에 황금비로 만들어진 것이 하나쯤 있

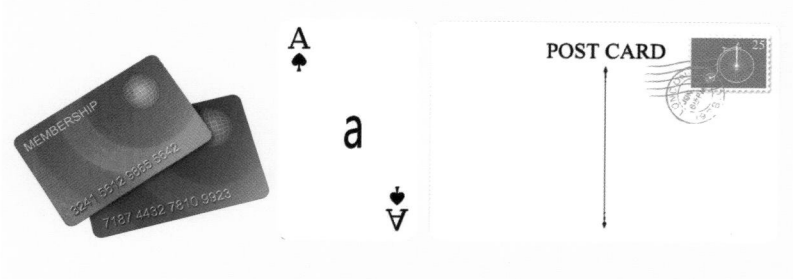

는지 찾아보실래요? 미의 기준이 달라졌어도 황금비는 질긴 생명력을
지닌 채 우리의 삶 속에서 지금까지 그 존재감을 뽐내고 있습니다.

4

수학 공부가 하기 싫은 자, 플라톤을 원망하라!
: 수학 교육의 시작

라파엘로 산치오,
〈아테네 학당〉,
1510~1511년

〈아테네 학당〉은 16세기 초, 교황 율리우스 2세(Pope Julius II, 1443~1513)가 라파엘로(Raffaello Sanzio, 1483~1520)에게 바티칸 궁의 방들을 장식하는 일을 맡겨서 그리게 된 그림입니다. '서명의 방(Stanza della Segnatura)', '엘리오도로의 방(Stanza di Eliodoro)', '콘스탄티누스의 방(Stanza di Constantino)', 그리고 '보르고 화재의 방(Stanza dell'Incendio di Borgo)'으로 나누어진 4개의 방 중 교황이 개인 서재로 사용하였던 '서명의 방' 벽면에 철학, 신학, 법, 예술을 주제로 프레스코 네 점이 그려졌는데, 1511년에 완성된 〈아테네 학당〉은 철학을 대표하는 작품입니다.

　라파엘로는 그를 교황에게 소개해 준 도나토 브라만테(Donato Bramante, 1444~1514)가 성 베드로 성당(Basilica di San Pietro)을 위해 설계한 도면의 영향을 받아 철학자들이 모여 있는 그리스 철학의 전당인 아테네 학당을 그리게 됩니다. 원근법을 이용해 등장인물들을 한 화면에 완벽하게 배치해서 철학과 인문학(문법, 수사학, 변증법, 음악, 산술, 기하학, 천문학 등)을 대표하는 학자들과 대비시켜 표현하고 있습니다.

이 그림에 등장하는 인물은 몇 명일까요? 배경 양쪽에 아폴론 (Apollon)과 아테나(Athena)의 대리석 조각 작품은 빼고 모두 54명이 그려져 있습니다. 로마 양식의 건물 입구 중앙에서 걸어 나오는 두 인물은 그리스 철학자인 플라톤(Plato, B.C. 427~B.C. 347)과 아리스토 텔레스(Aristoteles, B.C. 384~B.C. 322)입니다. 플라톤은 왼손에는 그의 자연철학에 관한 대화록 『티마이오스 *Timaeus*』를 들고 오른쪽 손가락 으로 하늘을 가리키고 있네요. 옆에는 그의 제자인 아리스토텔레스 가 자신의 책 『니코마코스 윤리학 *Nicomachean Ethics*』을 왼손에 들고 오른손으로 대지를 가리키고 있습니다. 학당으로 들어서는 두 사람 의 모습은 이 세상의 모든 진리를 다 이야기해 주겠다는 듯합니다.

플라톤 옆에는 '너 자신을 알라'라는 말로도 유명한 소크라테스 (Socrates, B.C. 469?~B.C. 399)가 있습니다. 계단에 비스듬히 누워 있 는 반나체의 노인이 보이시나요? 그는 괴짜 철학자, 디오게네스 (Diogenēs, B.C. 400?~B.C. 323)입니다. 일광욕을 하던 디오게네스를 알렉산드로스 대왕이 찾아와 소원을 말하라고 하니 햇빛이나 가리 지 말라고 했다는 일화로 유명하죠. 계단 아래쪽에 작은 책상에 앉 아 뭔가를 쓰고 있는 사람이 헤라클레이토스(Heraclitus of Ephesus, B.C 540?~B.C. 480?)이고, 화면 좌측에 푸른색 옷에 월계관을 쓰고 있는 사람은 쾌락주의 철학을 주창한 에피쿠로스(Epicuros, B.C. 341~B.C. 270)입니다.

헤라클레이토스 뒤에 문제라도 푸는지 무엇인가를 열심히 쓰고

4. 수학 공부가 하기 싫은 자, 플라톤을 원망하라!

있는 사람은 그 유명한 피타고라스(Pythagoras, B.C. 580~B.C. 500?)이고, 오른편 한쪽 구석에서 컴퍼스로 원을 그리며 뭔가를 설명하는 사람은 유클리드(Euclid, B.C. 330?~B.C. 275?)입니다. 그 옆에 지구의(地球儀)와 천구의(天球儀)를 들고 있는 이들은 각각 천문학자 프톨레마이오스(Klaudios Ptolemaeos, 85?~165?)와 종교가인 조로아스터(Zoroaster, B.C. 630~B.C. 553)입니다. 그들 사이에 검정 베레모를 쓴 인물이 보이시나요? 라파엘로입니다. 자신의 모습도 살짝 끼워서 그렸습니다.

라파엘로는 여기에 등장하는 고대의 인물 대부분을 동시대 인물과 유사하게 그렸다고 알려져 있습니다. 몇몇만 살펴보면 플라톤은 레오나르도 다빈치(Leonardo da Vinci, 1452~1519), 헤라클레이토스는 미켈란젤로(Michelangelo di Lodovico Buonarroti Simoni, 1475~1564), 유클리드는 베드로 성당을 설계한 브라만테, 조로아스터는 라파엘로와 우

플라톤과 아리스토텔레스

피타고라스

유클리드

피치 궁정에서부터 알고 지냈던 인문학자인 발다사레 카스틸리오네(Baldassare Castiglione, 1478~1529)의 초상에서 영향을 받아 그린 것이라고 합니다.

왜 라파엘로는 고대의 인물을 당대 함께 활동하고 있는 이들의 모습으로 바꿔서 그렸을까요? 헤라클레이토스를 미켈란젤로의 모습으로 그리게 된 것은 시스티나 성당의 천장화를 본 후 그에 대한 존경심으로 갑작스럽게 변경한 것이라는 일화가 전해집니다. 아마 고대 철학자들의 활약만큼이나 자신이 살던 시대에 큰 영향력을 미치고 있었던 이들을 기록하고 싶었던 것은 아니었나 생각됩니다. 라파엘로가 살던 시기는 고대의 문명과 지식에 바탕을 둔 인문주의가 가장 크게 발달했던 르네상스 시대로, 당대의 인물들이 진리를 향한 이성적인 탐구를 통해 훌륭한 업적을 만들어가는 모습이 그의 눈에 굉장히 자랑스럽게 보였을 것입니다. 자화상을 살짝 끼워 넣은 것은 그런 시대에 자신도 빠지고 싶지 않아서였던 것은 아닐까요?

라파엘로는 르네상스를 빛낸 대표 화가인 레오나르도 다빈치와 미켈란젤로와 동시대를 살았으며 대중에게 가장 사랑을 받았던 화가였습니다. 이들 중에서 가장 막내였던 라파엘로는 다빈치와 미켈란젤로의 작품을 끊임없이 연구하면서 다빈치의 삼각 구도와 부드러운 분위기를 표현하는 기법에서 많은 영향을 받았고, 미켈란젤로의 살아 움직이는 생동감 있는 인물 표현의 기법을 수용해서 자기만의 화풍을 만들어 냈습니다. 특히 이 작품은 원근법으로 많은 인물

4. 수학 공부가 하기 싫은 자, 플라톤을 원망하라!

들을 질서 있게 그려 넣고, 각 인물들의 특징을 포즈와 동작을 통해 자연스럽고 드라마틱하게 표현하는 등 당대의 르네상스 절정기의 모든 것을 담아내어 라파엘로의 대표작이 됩니다.

그런데 이 그림에는 수학사에서 가장 중요한 인물들이기도 한 3명의 수학자 피타고라스, 플라톤, 유클리드가 등장하고 있습니다. 이들이 왜 중요하냐고요?

3장에서도 보았듯이 그리스 수학을 이끌어 간 이들이 피타고라스학파와 플라톤학파입니다. 피타고라스학파는 자연을 수학으로 보고 거의 모든 분야에 연구를 해 놓았습니다. 그래서 이후의 정수론을 비롯해 기하학 등 초기수학의 발전에 가장 넓고 깊게 영향을 미쳤습니다. 이 모든 것을 가능하게 한 사람이 바로 이들의 스승이었던 피타고라스였죠.

플라톤은 수학이 논리적인 체계가 있는 학문이 될 수 있도록 철학적 발판을 만드는 데 큰 역할을 했습니다. 무엇보다 정신 수양으로서의 수학의 역할을 발견하고 학교에서 수학 공부를 할 수 있도록 만들기도 했습니다. 또한 이들 뒤를 이어 유클리드는 이전까지의 모든 수학적 발견을 정리한 책을 만들어 이후 약 2,000년 동안 기하학의 발전에 기여한 인물입니다. 이번 장에서는 이처럼 초기 수학사에 가장 크게 기여했던 세 인물을 통해 수학자와 수학 공부 이야기를 나눠 보겠습니다.

피타고라스(Pythagoras, B.C. 580~B.C. 500?)는 현재까지도 가장 유명한 수학자 중 한 사람으로 다양한 분야에 많은 영향을 미쳤습니다. 그에 반해 그에 대한 정확한 기록은 거의 없고 전해지는 이야기도 독특한 것들이 많습니다. 그래서인지 예언자, 마술사, 허풍쟁이 등 많은 이름으로 불리기도 하는, 비밀에 싸인 인물이죠.

그는 탈레스(Thales, B.C. 624~B.C. 546?)에게 배웠으며 스승의 권유로 메소포타미아와 이집트를 여행하면서 공부하게 됩니다. 특히 이집트에서는 그곳의 모든 지식들을 배우면서 긴 시간 동안 머물렀습니다. 그러면서 사제들이 받는 대접까지 받을 만큼 능력을 인정받았다고 해요. 그러나 기원전 527년 페르시아가 이집트를 침공하면서 결국 피타고라스는 고향, 사모스로 돌아오게 되죠.

이렇게 돌아온 그는 다시 교사가 되려고 했지만 배우겠다는 학생이 없었다고 합니다. 당연하지 않나요? 당시에는 지금처럼 통신망이 발달하지 않아서 이집트에서의 경력이나 학자로서의 명성이 사모스까지 알려졌을 리가 없으니까요. 결국 꾀를 내어 피타고라스는 가난한 예술가를 학생으로 고용합니다. 학생에게 하루 일당을 줄 테니 자신의 강의를 들어 달라고 한 것이죠. 그렇게 해서 매일 가르치다 보니 돈이 떨어진 피타고라스는 이제 더 이상 가르칠 수 없다고 학생에게 통보합니다. 그러자 이번에는 학생이 돈을 주면서 가르쳐 달라고 했다는군요. 학생이 그랬던 것은 수학이 재미있어서였을까요? 피타고라스가 좋은 수학 선생님이기 때문이었을까요? 어쩌면 피타고라스는 학생이 수학의 재미에 빠져 들어 더 배우고 싶어 할 것을 자신하고 있었던 것은 아닐까요? 모르긴 몰라도 스승도 학생도 모두 열심히 가르치고 배우려고 했기에 둘 사이에 공감대가 만들어진 것은 분명해 보입니다.

기록으로 피타고라스의 존재를 확실하게 확인할 수 있는 것은 그가 운영한 공동체입니다. 기원전 500년경 이탈리아 남부 크로톤에 종교적인 성향이 강한 비밀단체 같은 공동체를 만들게 됩니다. 피타고라스의 가르침에 감동한 이들이 많아지면서 청중들은 자연스럽게 두 부류로 나뉘게 됩니다. 주로 윤리학이나 영혼의 불멸과 같은 영적인 가르침을 받는 아쿠스마틱스(akousmatics, 청강생)와 철학, 음악뿐만 아니라 기하와 같은 수학 지식까지 배우는 마테마티코이(mathematikoi, 수학자)로 불렸습니다. 이들 중 수학자 그룹은 재산을 비롯한 소유물까지도 공동체에 헌납하고 함께 모여 살면서 모든 것들을 공유하는 생활을 합니다. 이런 환경 때문에 강한 유대감을 형성할 수 있어선지 스승이었던 피타고라스가 죽은 후에도 200년이 넘도록 활동을 이어가게 됩니다.

이 공동체 생활에 관해 흥미로운 이야기를 좀 더 해 드릴까요? 윤회사상을 신봉했던 피타고라스는 굉장히 엄격한 생활 규칙들을 만들어 놓았다고 합니다. 사람이 죽으면 동물로 환생한다고 해서 스님들처럼 철저히 채식을 하도록 했고 동물들을 잘 보살피도록 했죠. 그래서 모직이나 가죽 옷도 못 입게 했다고 합니다. 독신생활을 권장했고 겸손을 가르치기 위해 아랫길이 있을 때는 윗길로는 가지 못하게 했고, 콩을 먹지 못하게 하는 등 이외에도 많은 규칙들이 있었다고 하네요.

또 하나 특별한 점이 있었습니다. 그리스 시대에 여성들은 사회적으로 불평등한 차별이 심했습니다. 당시 그리스 여성들은 공공 모임에 참석할 수 없었지만 피타고라스는 여성들도 그의 강의를 들을 수 있도록 허락했습니다. 수학자 그룹에 선발된 이들 중 여성들이 꽤 있었다고 합니다. 피타고라스가 60세에 결혼했던 그의 아내 테아노(Theano)도 수학자 그룹에 있었던 제자였다고 해요. 자신이 만든 생활규칙을 모든 학생들에게 따르도록 한 것을 보면 상당히 보수적인 면이 강해 보이는데 여성의 능력을 무시하지 않았다는 점이 놀랍습니다.

하지만 피타고라스는 공동체를 굉장히 폐쇄적으로 운영했습니다. 자신이 가르친 내용을 글로 남기지 않고 오로지 입으로만 전달했죠. 그리고 스승이 가르친 내용이나 그 결과로 다른 동료들이 발견한 내용을 외부에 절대 공개하지 못하도록 했습니다. 얼마나 철저하게 비밀을 지키려고 했는가 하면 당시 피타고라스학파는 무리수를 발견했지만 인정하지 않고 있었습니다. 그런데 이 비밀을 히파수

4. 수학 공부가 하기 싫은 자, 플라톤을 원망하라!

스(Hippasus, 약 B.C. 5세기경 활동)가 발설한 것을 알고 그를 바다에 빠뜨려 버렸다는 일화가 전해집니다.

약 기원전 500년, 피타고라스 공동체의 세력이 점점 강력해졌는데 이를 두려워한 정치적 반대파에 의해 학교가 불태워지고 피타고라스도 죽임을 당하게 됩니다. 이후 많은 회원들이 그리스 전역에 흩어졌지만 피타고라스학파로 활동을 계속 해 나갑니다. 특히 이들은 자신들의 모든 연구 결과물을 스승의 공적으로 돌리면서 '피타고라스'라는 수학자는 더욱 유명해질 수 있었습니다.

피타고라스의 수론과 기하학 이야기

피타고라스는 "만물의 근원은 수이다."라고 할 만큼 자연계에서 수의 역할을 중요하게 생각해 계산 기술이 아닌, 수 자체에 관한 연구를 최초로 시도했습니다. 몇 가지만 볼까요? 1은 수의 근원으로 모든 수의 본질이라고 보았으며, 2는 여성 수 또는 의견 수로, 3은 남성이나 조화를 나타내는 수로 보았습니다. 4는 정의 또는 공정함을, 5는 2와 3의 결합으로 결혼의 수, 그리고 모든 기하학적인 차원을 나타내는 1, 2, 3, 4의 합인 10은 가장 신성한 수로 부르는 등 '수'의 수학적 특징을 발견해서 각각의 이름을 붙이고 정의했습니다. 처음엔 이상하다 싶지만 읽다보면 설득력 있지 않나요?

또한 피타고라스는 수와 도형의 관계를 연구해 도형수라는 것도 정의합니다. 피타고라스는 수를 점들의 모임이라고 생각했다고 해요. 그림으로 볼까요? 아래 점들을 이어 보세요. 첫 번째 줄은 모두 정삼각형이, 두 번째 줄은 모두 정사각형이 그려지죠. 그래서 삼각형이 그려지는 수는 삼각수, 정사각형이 그려지면 정사각수라고 부르게 되는데 같은 방법으로 직사각형 수, 오각수, 육각수 등을 정의했습니다. 그 외에도 피타고라스는 다양한 도형과 수 사이의 관계를 연구하고 증명을 이어갔습니다.

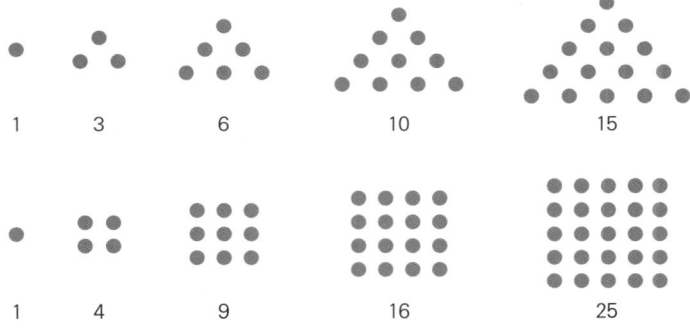

특히 자연수의 성질을 발견해서 홀수, 짝수, 소수, 친화수 등과 같은 이름을 붙였으며 자신을 제외한 약수의 합의 크기에 따라 완전수(6=1+2+3), 과잉수(18<1+2+3+6+9), 부족수(15>1+3+5)를 분류하기도 했죠. 이 중 친화수에 대해 좀 더 알아볼까요?

4. 수학 공부가 하기 싫은 자, 플라톤을 원망하라!

· $220 = 1 + 2 + 4 + 71 + 142$(284의 약수의 합)

· $284 = 1 + 2 + 4 + 5 + 10 + 11 + 20 + 22 + 44 + 55 + 110$(220의 약수의 합)

이처럼 자신을 제외한 모든 약수의 합이 상대의 수가 되는 두 수의 관계를 친화수라고 합니다. 이런 수는 18세기까지 62개가 발견되었습니다. 그런데 왜 피타고라스는 이 두 수의 관계를 친화수라고 했을까요? 그는 친구를 '또 다른 나'라고 했다는데 친화수가 마치 그런 친구처럼 보이기도 하네요.

피타고라스는 또한 음악에 대해서도 수적 분석을 시도합니다. 그는 음악을 좋아해서 리라(lyre)라고 하는 현악기를 즐겨 연주하기도 했죠. 그러면서 소리가 현의 길이에 따라 결정된다는 점을 발견하고, 가장 아름답고 조화로운 소리가 되는 비율을 찾아서 이를 바탕으로 현재 우리가 사용하고 있는 8음계도 만들어냅니다.

이렇게 많은 분야에 많은 기여를 했지만 무엇보다도 피타고라스는 그의 이름을 딴 정리 때문에 누구나 아는 수학자가 됩니다. 바로 직각삼각형에서 빗변의 길이의 제곱은 다른 두 변의 길이의 제곱의 합과 같다는 피타고라스 정리입니다. 이 정리를 통해 무리수가 발견되었지만 자연수만을 인정하고 있었던 피타고라스학파에게 이 발견은 재앙이기도 했습니다. 그래서 오랜 세월 이 수의 존재를 비밀에 부쳤고 인정하기를 거부했습니다.

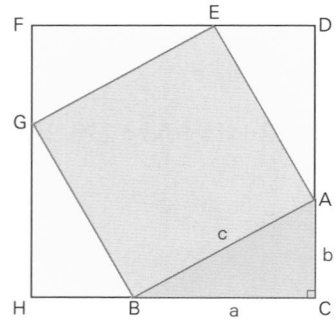

전체 사각형의 넓이=
4개의 삼각형 + 1개의 정사각형이므로
식으로 나타내면

$$\square DFHC = 4 \cdot \triangle ABC + \square ABGE$$
$$(a+b)^2 = 4 \cdot \left(\frac{1}{2}ab\right) + c^2$$
$$a^2 + 2ab + b^2 = 2ab + c^2$$
$$\therefore a^2 + b^2 = c^2$$

피타고라스가 사용한 피타고라스 정리 증명법

17세기가 되어서야 무리수가 인정되었으니 피타고라스학파가 좀 더 빨리 인정하고 연구를 거듭했다면 지금은 또 다른 세상이 되었을 지도 모르죠. 모든 일에 상당히 엄격해서 제자들이 그렇게 좋아했을 것 같지 않은 피타고라스, 그럼에도 그의 명성이 아직까지 여전한 것은 그가 연구한 업적이 수학이라는 학문의 기초를 단단하게 하는 데 많은 기여를 했기 때문일 것입니다. 그 과정에서 모든 발견을 스 승의 공으로 돌린 제자들의 존경심도 한몫했던 것 같고요.

수학을 사랑한 철학자, 플라톤

플라톤(Platon, B.C. 429~B.C. 347)은 많은 사람들에게 철학자 로 더 잘 알려져 있지만 수학에 대한 깊은 이해와 존경을 지닌 인물이었습니다. 그는 수학자는 아니었지만 다른 연구자들을 안내하고 격려함으로써 기원전 4세기 중반 많은 수학적 발견이 가능하도록 했습니다. 이런 플라톤의 활약은 필로데모스(Philodemos, B.C. 100~B. C. 40)가 남긴 "수학의 위대한 진보는 플라톤이 지도자로서 문제를 제시하고, 수학자들이 그것을 열정적으로 탐구하던 시절에 이루어졌다."라는 구절 속에서도 확인할 수 있습니다.

특히 그는 증명과 추론의 방법론으로 수학이 좀 더 체계화될 수 있는 철학적 기초를 만들기도 합니다. 또한 지금처럼 학교에서 수학을 중요한 과목으로 배우게 한 사람도 플라톤입니다. 피타고라스의 영향을 받아선지 여성 교육도 더불어 주장함으로써 플라톤은 수학 교육에 빼놓을 수 없는 사람이 되죠.

이런 일들을 한 플라톤은 소크라테스의 제자로 스승이 독약을 마신 후 아테네를 떠나 많은 곳을 여행하게 됩니다.※ 그때 피타고라스학파를 접하면서 수학에 대한 깊은 인식을 할 기회를 얻죠. 여행 후 기원전 387년에 고향으로 돌아와 철학자로 정착하면서 플라톤은 아테네에 학교를 세웁니다. 그가 학교를 세우게 된 땅은 원래 영웅 아카데모스(Academos)의 소유로 아카데미아 숲으로 불리고 있어서 이 철학 학교 이름을 아카데메이아(지금의 아카데미)라고 짓게 됩니다. 아카데

※ 소크라테스는 고대 그리스 철학자로 질문과 대화에 의한 문답법으로 진리를 찾아가고자 했으며 '너 자신을 알라'는 명언을 통해 자신의 무지를 아는 사람이 진리를 사랑할 수 있으며 지식과 행동이 일치해야 한다고 가르쳤습니다. 이런 그의 사상 활동이 아테네 법에 위배된다 하여 부당하게 죽임을 당했습니다.

메이아는 529년에 그리스도교 황제 유스티니아누스 1세가 이곳을 이교도와 왜곡된 지식을 조장하는 장소라는 이유로 폐쇄할 때까지 약 900년이 넘는 동안 그리스 지식의 중심이 되었습니다.

플라톤은 특히 수학 학습이 최적의 정신 수양을 할 수 있게 하므로 논리적으로 사고해야 하는 철학자나 국가를 이상적으로 이끌어 가야 하는 지도자들에게 수학 공부가 꼭 필요하다고 확신했습니다. 그래서 아카데메이아 정문에 "기하학을 모르는 자는 이곳에 들어오지 말라."는 구절을 써 넣을 만큼 수학의 중요성을 강조했습니다. 가끔 스트레스가 쌓일 때나 복잡한 일이 많으면 고등학교 때 풀었던 수학 문제집을 쭉 풀어본다는 어른들을 만나는데 이런 것을 보면 당시 플라톤의 생각이 크게 틀린 말이 아닌 듯합니다.

또한 '산술은 매우 크고 고상한 효과가 있으며, 우리의 정신이 추상적인 수에 대해 사고하게 만든다.'라는 점에서 산술 훈련의 중요성도 피력했습니다. 이런 그가 실용수학에 대해서는 혐오감이 있었다고 하니 플라톤에게 수학은 철학을 하기 위한 하나의 방법으로서만 다루어진 것은 아니었나 하는 아쉬움이 살짝 들기도 합니다. 그렇지만 플라톤은 수학을 열심히 하면 다른 것 또한 잘할 수 있는 기본 소양을 기를 수 있다고 생각해서 일찍부터 수학 교육의 중요성을 주장했습니다.

사실 수학 공부를 하면서 제일 많이 하게 되는 질문이 아닌가요? 이렇게 배우기 힘든 걸 공부해서 어디에 쓰나요? 아무리 생각해도

나의 삶과 일상에 무관해 보이는 수학, 이걸 공부하면 무엇이 좋은 가요? 플라톤이 말해 주고 있네요. 눈에 보이지는 않지만 수학 공부 는 다른 공부나 일을 할 때 필요한 논리적인 사고 체계나 창의력 등 을 키우는 데 도움을 준다고요. 하지만 여전히 이런 대답은 가깝게 와 닿지는 않는 것 같으니 이 책 속에서 다른 이야기들과 함께 더 많 은 답을 찾아보기로 합시다.

알렉산드리아의 수학자, 유클리드

마지막으로 **유클리드**(Euclid, B.C. 330?~B.C. 275?)에 대해 알 아보기로 할까요? 그는 생몰연도도 정확하지 않으며, 삶에 대한 기 록도 거의 없습니다. 오로지 수학적 성과에 대해서만 알려져 있을 뿐이죠. 그가 거의 2,000년이 넘도록 기하학 역사의 중심에 있게 된 것은 알렉산드리아 도서관에서 연구를 할 수 있었기 때문인데 먼저 이 박물관에 대해 살펴보기로 하겠습니다.

자료의 창고였던 알렉산드리아 도서관의 토대는 알렉산드로스 대왕(Alexander the Great, B.C. 356~B.C. 323)에 의해서 만들어집니다. 그는 기원전 323년에 33세의 나이로 죽기까지 약 12년 동안 세계의 대부분을 정복하면서 근동의 넓은 지역에 그리스 문화를 퍼뜨렸습니다. 이런 문화의 부딪침 속에서 헬레니즘 시대가 시작되었고 로마 제국이 설립될 때까지 약 3세기까지 지속됩니다.

알렉산드로스 대왕은 세계 정복을 해 나가며 정복 지역 여러 곳에 자신의 이름을 본 딴 알렉산드리아(Alexaudria)라는 도시를 세웁니다. 그중 기원전 332년 이집트의 지중해 연안에 위치한 알렉산드리아를 세계 중심의 도시로 만들고자 하죠. 하지만 터를 잡는 것 외에 더 이상의 일은 하지 못한 채 죽게 됩니다. 알렉산드로스 대왕이 죽은 후 그의 부하 중 한 사람인 프톨레마이오스 1세(Ptolemy I, B.C. 364~B.C. 283)가 통치자가 되면서 알렉산드리아를 수도로 정하고 이곳이 헬레니즘 문화와 지적 활동의 중심지가 될 수 있는 토대를 만들었습니다.

이후 프톨레마이오스 왕들은※ 주변에서 구할 수 있는 책들은 물론이고 세계 무역의 중심지로 아시아, 아프리카 및 유럽을 연결하는 지점이었던 이곳을 거쳐 가는 배나 사람에게서 얻을 수 있는 자료들은 전부 필사해서 보관할 정도로 방대한 자료들을 수집해 도서관을 만듭니다. 또한 이곳에 다양한 분야의 많은 지식인들을 초대해서 그들이 원하는 만큼 머물며 자유롭게 연구할 수 있도록 편의를 제공했습니다. 게다가 당시 도서관의 구성원들에게는 정기적인 강연만 하

※ 프톨레마이오스 왕조(B.C. 305~B.C. 30)는 이집트 총독이었던 프톨레마이오스 1세가 새 왕국을 세우고 프톨레마이오스 2세 · 3세 시대에 크게 발전했으며 특히 이 시기 알렉산드리아는 헬레니즘 문화의 중심이 되었습니다. 하지만 점차 쇠퇴하였으며 결국 기원전 30년 클레오파트라 7세(프톨레마이오스 왕조 최초의 여왕)와 프톨레마이오스 15세(카이사리온: 클레오파트라와 카이사르의 아들)의 죽음으로 마감되었습니다.

면 무료 숙식부터 급여 등 최고의 혜택을 주었으니 얼마나 많은 학자들이 이곳으로 왔겠습니까? 특히 교육보다는 학문을 연구하는 기관으로서의 역할이 컸기 때문에 수학자와 과학자들에게 더없이 좋은 연구소가 되어주었지요. 그 덕분에 기원전 300년과 기원전 100년 사이, 약 200년 동안 수학과 과학은 이곳에서 비약적인 발전이 이루어졌습니다. 이곳은 또한 현대 '대학'이 시작된 곳이기도 합니다.

작자 미상, 〈유클리드〉, 14세기 프레스코화

약 3세기경 로마군이 침입하여 도서관을 불태워 완전히 사라지게 하기 전까지 알렉산드리아 도서관은 지동설을 주장한 아리스타르코스, 아르키메데스 등 수많은 학자들을 배출했습니다. 유클리드도 그중의 한 명입니다. 유클리드는 이곳에서 당시에 얻을 수 있던 모든 수학 자료들을 토대로 연구해서 전 13권으로 된 『원론*Element*』을 쓰게 된 것이죠. 그는 탈레스 시대부터 축적된 그리스의 기하학적 지식 전체 체계를 특별히 기하학적인 속성의 **다섯 개의 공준**과 모든 수학에 대해 성립한다는 **다섯 개의 공리** 위에 세워서 연역적인 체계로 만들어냅니다.

성경책 다음 가는 베스트셀러이자 최초의 수학 교과서이기도 한 유클리드의 『원론』은 필사본을 빼고라도 1482년에 처음으로 인쇄된 이래로 천판 이상 출판될 정도로 거의 2,000년이 넘도록 기하학

교과서로서 절대적인 위치를 차지하고 있습니다. 현재도 대부분의 나라에서 『원론』의 일부 내용은 교양 교육의 필수로 수학 교육에 포함되어 있어요. 특히 이 책은 논리를 익히기 위한 최고의 책으로 여겨져서 이것을 배우는 것이 정밀한 추론 능력을 계발하는 최상의 방법으로 간주되었습니다. 미국의 16대 대통령이었던 링컨(Abraham Lincoln, 1809~1865)도 40세 때 자신의 정신 훈련을 위해 『원론』의 처음 여섯 권을 통달할 정도로 공부했다고 하네요.

『원론』의 유명세에 묻혀 유클리드가 마치 한 권의 책만 남겼다고 아는 사람들이 많지만, 그는 다양한 주제로 10권 이상의 다른 책을 집필했습니다. 이런 유명세에 비해 그의 개인적인 삶에 대해서는 거의 알려진 바가 없지만 전해지는 유명한 일화가 하나 있습니다.

이집트를 지배한 그리스 왕조인 프톨레마이오스 왕조의 창시자

⌛ 5공리
1. 같은 것과 같은 것들은 서로 같다.
2. 같은 것들에 같은 것을 더하면 그 합은 서로 같다.
3. 같은 것들에서 같은 것을 빼면 그 차는 서로 같다.
4. 서로 포개어지는 것들은 서로 같다.
5. 전체는 부분보다 크다.

5공준
1. 임의의 서로 다른 두 점은 직선으로 연결할 수 있다.
2. 직선은 무한히 연장할 수 있다.
3. 임의의 점을 중심으로 하고 임의의 길이를 반지름으로 하는 원을 그릴 수 있다.
4. 모든 직각은 같다.
5. 한 평면 위의 한 직선이 그 평면 위의 두 직선과 만날 때 동측내각의 합이 180°보다 작으면 이 두 직선은 그쪽에서 만난다.

4. 수학 공부가 하기 싫은 자, 플라톤을 원망하라!

오토 폰 코빈, 〈알렉산드리아 도서관〉, 19세기
판화

오늘날의 알렉산드리아 도서관

이며 알렉산드리아 도서관 설립자인 프톨레마이오스 1세가 유클리드에게 『원론』으로 기하학 수업을 받았는데 어렵고 힘들었던 모양입니다. 유클리드에게 더 쉬운 방법으로 배울 수 있는지를 묻자 이렇게 답했다고 하지요.

"현세에는 두 가지 종류의 길이 있습니다. 평민이 다니는 길과 왕만이 다니도록 지정된 길이 있습니다. 그러나 기하학에는 왕도가 없습니다."

수학 공부는 왕이나 신하나 옛날이나 지금이나 누구나 열심히 꾸준히 하는 것 외엔 다른 방법이 없나 봅니다. 유클리드의 이 말이 여러분에게 좀 위로가 되지 않나요?

참, 사라진 알렉산드리아 도서관은 많은 사람들의 노력으로 이집트 알렉산드리아 동쪽 해안의 샤트비(El Shatby) 거리에 2002년에 다시 건축되어 재개관되었습니다. 건물은 해시계를 모티브로 지어졌고, 도서관 외벽에는 각 나라의 언어들이 새겨진 석판이 모자이크처럼 붙어 있는데 한글은 '세월', '강', '여름'이 있다고 해요. 무엇보다 알렉산드리아에 산재했던 지역 도서관에서 수집한 고서와 5천 권에 이르는 중세의 주요 과학서들을 소장하고 있다고 하니 마치 그 옛날의 영광이 되살아나는 듯합니다.

교과서에서 만나는 피타고라스
: 피타고라스 정리의 다양한 증명법

피타고라스는 중학교 3학년 때 '피타고라스 정리'라는 이론으로 등장합니다. 더불어 피타고라스 정리를 증명하는 유명한 3가지 방법—가필드(James Abram Garfield,1831~1881), 유클리드, 바스카라—까지 더해서 배우게 됩니다. 그런데 가필드, 이분이 미국의 20대 대통령이라는 사실을 아시나요? 그는 하원의원일 때 우연히 동료들과 수학 이야기를 나누다가 증명하는 방법을 떠올리게 되었다고 합니다. 이것을 현재까지도 피타고라스 정리의 증명법으로 배우고 있는 것이죠. 대통령의 또 다른 이력이 수학자라니 재미있지 않나요?

자, 그럼 지금까지 피타고라스 정리를 증명하는 방법은 몇 가지가 나왔을까요? 2007년에 출간된 『올 댓 피타고라스 정리』(이만근 · 전병근, 한국수학교육학회)라는 책을 보면 대수적 증명 109가지, 기하학

4. 수학 공부가 하기 싫은 자, 플라톤을 원망하라!

적 증명 255가지, 사원수 증명 4가지, 역학적 증명 2가지, 그 외에 새롭게 추가된 증명 24가지가 나옵니다. 이 책에는 빠져 있지만 한국인이 발견한 증명법도 있습니다. 경남대학교의 박부성 교수가 1999년 12월《Mathematics Magazine》에 피타고라스 정리를 기하학적으로 증명해서 실었다고 하는데요. 그 증명법을 그림으로 살짝 볼까요?

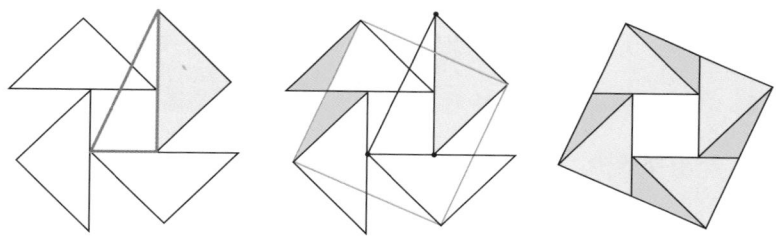

이처럼 한 문제를 푸는 데 394가지 방법이 있으며 더 나올 수도 있다니 놀랍기만 합니다. 여기서 수학 공부를 어떻게 해야 하는지도 배우게 되네요. 먼저, 문제를 푸는 해법을 한 가지로만 알려주는 답안지를 보고 공부하지는 말아야겠지요. 수많은 방법으로 문제를 바라보는 태도에서 응용력이 생기고 논리도 만들어지는 것입니다. 생각하는 긴 시간들이 쌓여 스스로 풀이를 찾아내게 되고 그렇게 함으로써 개념을 완전히 이해하게 되면 어느 순간 수학실력이 크게 향상되는 순간을 만나게 됩니다.

느리게 하는 공부가
수학 실력을 키운다

안 풀리는 문제가 있다면 당장 답안지를 보거나 누군가에게 물어보지 마세요. 자신이 알고 있는 모든 것을 동원해서 생각하고 풀기 위한 도전을 하십시오. 오늘 안 되면 다음 날, 또 그 다음 날에 해보는 겁니다. 그러다보면 어느 날 아르키메데스가 목욕물에 앉아 있다 번뜩 깨닫는 것처럼 푸는 방법이 떠오르는 날이 오게 될 겁니다.

하지만 이쯤에서 이런 생각을 하는 학생이 있을지도 모르겠네요. 해야 할 공부 양이 많아서 그렇게 한 문제를 오래 풀어볼 시간이 없는데요! 그렇다면 문제를 푸는 시간을 정하는 것도 나쁘지 않습니다. 그렇게 정한 시간이 지났는데도 안 되겠다 싶으면 그때 답안지를 보거나 물어보십시오. 그렇게 느리게 하는 공부가 수학 실력을 키워줍니다. 그런데 가끔은 자신이 정한 시간이 지났는데도 더 생각해 보고 싶을 때가 있습니다. 그럴 때 수학이 재밌어지는 경험을 하게 된답니다.

물론 빨리 푸는 것도 중요합니다. 시험은 시간이 정해져 있으니 말입니다. 하지만 평상시 공부는 잘 풀어보는 것, 즉 다양한 방법으로 생각해 보는 것이 무엇보다 중요합니다. 그리고 꾸준한 연습으로 속도와 정확도를 높이면 수학 시험을 잘 볼 수 있게 됩니다. 혹시 아무리 봐도 이해가 안 될 때는 일단은 문제를 외우고 있어 보십시오.

4. 수학 공부가 하기 싫은 자, 플라톤을 원망하라!

그렇게 외우고 있다 보면 어느 날 다른 문제들과 함께 그 문제가 풀어지는 순간도 있습니다.

잠깐, 피타고라스학파가 지켰다는 많은 규칙 중에서 우리도 따라 하면 좋을 것 같은 생활 규칙을 하나 들려드리죠. 그들은 매일 밤 자기 전에 세 가지 질문을 했다고 합니다. "나는 무엇에 실패를 했는가? 나는 어떤 좋은 일을 했는가? 내가 해야 하는 일 중에서 끝내지 못한 것은 무엇인가?"라고요. 매일 비슷한 일상이 반복되다 보니 쓸 얘기가 없어서 일기를 못 쓰겠다는 학생들을 많이 보는데 자기 전에 이 세 가지 기준에 맞춰 일기를 써 보면 어떨까요? 매일 작은 범위라도 공부 목표를 세우고 해 냈는지 아니면 실패했는지, 그리고 무엇보다 오늘 해야 할 일들은 다 했는지를 일기를 통해 점검하고, 그렇게 계속하다 보면 어느 날 좀 더 발전하는 나를 만나게 되지 않을까요?

플라톤의 다면체 연구

플라톤은 위대한 철학자로서 도덕, 윤리 교과서에 많이 등장하지만 수학적 발견을 한 것은 아니기 때문에 수학 교과서에 나오지는 않습니다. 그러나 철학적 내용으로 수학 교과과정과도 연관이 있는 플라톤의 다면체 연구가 있습니다. 정다면체는 모든 면이 합동인 정다각형이고 각 꼭짓점에 모인 면의 개수가 같은 입체도형으로 정사

	불	흙	공기	우주	물
정다면체	정사면체	정육면체	정팔면체	정십이면체	정이십면체
면의 모양	삼각형	사각형	삼각형	오각형	삼각형
한 꼭짓점에 모인 면	3	3	4	3	5
면 face	4	6	8	12	20
꼭지점 vertex	4	8	6	20	12
모서리 edge	6	12	12	30	30

면체, 정팔면체, 정육면체, 정십이면체, 정이십면체, 5개밖에는 없다는 것까지 모두 피타고라스학파가 발견하고 증명했습니다.

그런데 플라톤은 자신의 책 『티마이오스*Timaeus*』 대화편에 삼각형, 사각형, 오각형 등을 서로 붙여 입체도형을 쉽게 만드는 방법을 설명하면서 네 가지 공간도형, 즉 정사면체, 정팔면체, 정이십면체, 정육면체를 고대부터 내려오는 모든 물체의 기초적인 원소인 불, 공기, 물, 흙과 대응시켜 해석을 합니다. 불은 정사면체, 흙은 정육면체, 공기는 정팔면체, 물은 정이십면체. 그래서 우주 전체는 정십이면체 모양을 하고 있다는 그의 설명에 따라, 이 입체도형들은 플라톤의 다면체로까지 불리게 됩니다. 그런데 이 정다면체의 성질은 아주 중요한 기하학의 기초 내용으로 중학교 과정에 나오니 눈에 잘 담아두세요.

무엇보다 플라톤은 학교에서 수학을 중요 과목으로 배우게 한 첫 번째 인물이니 수학 공부가 하기 싫은 사람들은 플라톤에게 원망이라도 해야겠지요?

왜 수학을 공부해야 할까?
: 유클리드의 조언

유클리드가 쓴 『원론』의 내용은 초등학교부터 고등학교 때까지 수학 교과서 기하학 분야의 대부분을 차지하고 있습니다. 피타고라스 못지않은 많은 업적을 남겼지만, 그의 이름이 붙은 정리나 증명이 없어선지 배우면서도 그가 정리한 것인지 미처 모르고 지나갈 때가 많죠. 하지만 유클리드만큼 수학 교과서에 중요한 역할을 한 인물도 없답니다.

여기서 앞서 나누었던 이야기를 다시 해 볼까요? "수학 공부를 해서 어디에 써먹나요?" 이 질문에 플라톤은 수학이 추상적인 사고를 돕는다고 답했다고 했습니다. 유클리드는 어떻게 대답했을까요? 알렉산드리아 도서관과 대학의 최초의 수학 교수이기도 했던 그에게 한 제자가 첫 정리를 배우고는 물었습니다. "그런데 이것이 왜 중요하고 제가 이런 것을 배우면 무엇을 얻을 수 있습니까?" 그러자 유클리드가 노예를 불러 "이 친구는 배운 것에서 반드시 이익을 얻기 바라니, 이 친구에게 동전 한 닢을 줘라."라고 했다고 합니다.

약 2,200년 전 그 옛날에도 수학을 배우는 것이 어디에 쓸모가 있는지 궁금했던 사람들이 있었습니다. 지금과 별반 다르지 않았지요. 그런데 당시 그리스인들에게 수학은 거의 모든 학문을 의미하고 있었고 학자들이 공부했던 목적은 진리로 알고 있던 많은 것들을 증명해 냄으로써 합리적인 사고의 기틀을 다지는 것이었다고 합니다. 그러니 이런 질문을 하는 제자의 모습에서 유클리드는 어떤 기분이 들었을까요? 아마 조금 괘씸하다는 생각을 하지 않았을까요?

어떤 사람들은 잘하는 사람만 하면 되는 것이 수학이라고 말하는데 그럼에도 불구하고 모든 사람들이 일정 기간 동안 학교에서 수학 공부를 하는 이유는 무엇일까요? 앞의 장에서 그리고 뒤에 남아 있는 장에서 수학이 얼마나 우리의 생활과 밀접한 관계가 있는지를 알게 되더라도 똑같은 질문이 남을 것입니다.

수학이 막 학문으로 자리 잡아 가고 있던 고대 그리스 시대에도 사람들은 수학 공부를 하면 구체적으로 어떤 이득이 생기는지 알고 싶어 했습니다. 그런데 수학의 발전이 더욱 높게 이루어진 지금 이렇게 어려운 수학을 왜 공부해야 하는지, 그 이유를 궁금해 하는 것은 어찌 보면 당연한 일인지도 모릅니다. 오늘날 자본주의 사회에서 당장에 '돈'을 버는 데 사용하지 못하는 것이라면 이렇게까지 고통을 받으면서 해야 하나요? 이렇게 반문할 수도 있습니다. 그만큼 수학 공부는 어렵고 그 영향력을 구체적인 실물로 확인하는 것이 쉽지 않습니다. 사실 이 질문에 대해 누구도 정확한 답을 찾아줄 수 없습니다. 저는 자기 자신만이 그 답을 찾을 수 있다고 생각합니다.

　제 주변의 학생들을 보면 의외로 많은 학생들이 꿈이 없다고 말합니다. 왜 꿈이 꼭 있어야 하냐고도 합니다. 사실 꿈이 있다면, 목적이 뚜렷해져서 공부가 훨씬 능률적일 수 있습니다. 그래서 빨리 꿈을 정하라고 권하는 사람들도 있는 것 같습니다. 하지만 다섯 살 때 피아니스트가 되고 싶다는 꿈을 가졌다는 정명훈처럼 그렇게 어린 나이에 자신이 무엇이 되고 싶은지를 깨닫는 경우는 신의 축복일 정도로 극히 드문 일일 것입니다. 꿈이란 빨리 정하고 싶다고 정해지는 것도 아니며 피아니스트였던 정명훈도 나중엔 지휘자가 된 것처럼 끊임없이 변하기도 합니다.

　분명한 것은 공부를 한다는 것, 책을 읽는다는 것, 생각을 한다는 것은 세상에 대해 끊임없는 궁금증과 호기심을 갖게 해 준다는 것입니다. 그러니까 만약 꿈이 없더라도 너무 조급해 하지 말고 지금 해야 할 공부를 하고, 책을 읽고, 생각을 열심히 하다보면 자신이 이 세상에서 무엇을 하고 싶은지 찾을 수 있는 힘과 할 수 있는 능력을 기를 수 있을 것입니다. 수학 공부 역시 자신이 어떤 사람인지를 찾아가는 여정이기도 합니다. 결국은 공부를 하는 이유 중 하나는 행복해지기 위해서가 아닌가요? 공부를 하면서 자신이 어떤 사람인지 정확히 알면 알수록 행복하고 즐겁게 살 수 있는 방법은 훨씬 찾기 쉬워집니다.

　　라파엘로의 〈아테나 학당〉을 길잡이 삼아 수학자와 수학 공부 이야기를 나눠 보았는데 그의 그림을 몇 작품 더 볼까요? 이 〈자화상〉 속의 라파엘로는 〈아테나 학당〉을 그리기 약 5년 전, 22세 때의 모습입니다. 그러니까 27세에 이런 대작을 그린 것이니 실력이 대단하긴 했지요. 사실 라파엘로는 〈어린 세례 요한과 함께 있는 성모자〉와 같은 성모상을 가장 아름답게 잘 그렸던 화가로 더 유명하기도 합니다. 〈아테나 학당〉과는 또 다른 라파엘로의 시선이 느껴지나요?

왼쪽 ▶ 라파엘로 산치오, 〈자화상〉, 1504~1506년
오른쪽 ▶ 라파엘로 산치오, 〈어린 세례 요한과 함께 있는 성모자〉, 1506년

○○○의 학당 그려 보기

자, 그럼 이제 책상 앞을 장식할 여러분만의 학당을 한번 그려 볼까요? 자신의 꿈을 찾는 데 좋은 방법이 될 수도 있습니다. 현재 이 시대에 가장 큰 영향력을 미치는 사람들이 누구라고 생각하나요? 아니면 이제까지 자신의 삶에 가장 큰 영향을 미친 사람이나 소중한 것, 혹은 중요한 것으로는 무엇이 있나요? 자유롭게 생각나는 것들을 써 보거나 라파엘로처럼 그림을 그려 보세요. 이제 학당을 채운 등장인물이나 물건을 보면서 왜 선택했는지 생각해 볼까요? 그런 다음 자신의 미래 모습도 상상해 보실래요? 조금은 몰랐던 자신에 대해 알게 되지 않았나요? 미래에 여러분이 어떤 일을 하게 되든지 수학은 좋은 도구가 될 수 있을 겁니다.

5

원근법, 기하학의 새로운 세상을 열다
: 기하학의 역사

왼쪽 ➡ 마사초, 〈성삼위일체〉, 1425년경
오른쪽 ➡ 피렌체 대성당

〈성삼위일체〉는 회화의 첫 번째 혁명의 문을 연 작품으로 마사초(Masaccio, 1401~1428)가 그렸습니다. 혁명이라니요? 이 작품에 처음으로 '원근법'이 사용되었습니다. 이 기법은 이전과는 완전히 다른 그림을 그리는 방법이었죠. 이후 원근법은 회화의 '혁명'이라 불릴 만큼 많은 영향력을 미치게 됩니다. 마사초가 원근법으로 그린 첫 작품인 〈성삼위일체〉, 이 그림은 피렌체 산타 마리아 노벨라(Santa Maria Novella) 성당의 한쪽 벽에 그려져 있습니다. 벽화 맨 아래 판석 위에 해골이 놓여 있고 안쪽에 '나의 어제는 그대의 오늘, 그리고 나의 오늘은 그대의 내일'이라는 문구가 쓰여 있습니다. 원근법을 사용하니 평면의 벽에 그렸는데도 등장인물들이 실재 공간에 있는 것처럼 보이지요? 지금이야 원근법이 익숙하니 당시 이것이 얼마나 놀라운 일이었을지 잘 모르실 겁니다. 그럼 이전의 그림과 비교해서 한번 볼까요?

　치마부에(Giovanni Cimabue, 1220~1302)의 〈천사와 선지자들에 둘러싸인 마돈나〉와 같이 인물이나 사물들을 평면에 나열하듯이 그려

진 그림들만 봐오던 당대 사람들에게 공간과 입체감을 느끼게 해주
는 마사초의 그림은 실로 충격으로 다가갔을 것입니다.

본명은 구이디(Tommaso di Giovanni di Simone Guidi)인데 세상 돌
아가는 일에 서툴러서 '어줍은 톰'이라는 뜻의 마사초라는 이름으로
알려진 그가 서양미술사에 중요한 위치를 차지하게 된 것은 브루넬
레스키(Fillippo Brunelleschi, 1377~1446)가 발견한 원근법을 회화에 처
음으로 적용했기 때문입니다. 당시 피렌체 대성당, 산타 마리아 델
피오레는 1400년경 큰 지붕인 큐폴라(cupola)를 만들어 올리는 일을

하지 못한 채 미완성으로 있었습니다. 그래서 시에서는 이를 해결할 방법을 찾고 있었죠. 이때 브루넬레스키가 큐폴라 모형도를 제출한 것이 채택되어 마침내 성당에 지붕이 만들어지게 되었다고 합니다. 여기에 사용된 방법이 투시도법, 즉 원근법이었습니다. 원근법의 어원은 라틴어의 Ars perspectiva, 영어 perspicere의 '투과하여 보다'는 뜻에서 유래합니다.

그런데 브루넬레스키는 어떻게 이 방법을 알아내게 된 것일까요? 사업상의 이유였던 것 같습니다. 집이나 건물을 의뢰하는 건축주들에게 자신이 설계한 건물을 미리 보여줄 방법을 연구하다 만들게 된 것이라고 하니까요. 이후 그는 이 방법이 그림에 적용되는 것을 보고 싶었는지 많은 화가들에게 권했다고 하죠.[8] 특히 마사초에게는 직접 가르치기까지 했다고 알려져 있습니다. 재능이 있었던 마사초가 마침내 브루넬레스키의 가르침을 회화에 접목시켜 3차원의 공간을 2차원의 평면에 옮겨 실제로 공간이 있는 것처럼 표현해 냄으로써 회화의 획기적인 전환점을 만들게 됩니다.

그럼 마사초가 원근법을 어떻게 사용했는지 좀 더 자세히 볼까요? 〈성삼위일체〉 그림은 크게 두 개의 재단으로 나뉩니다. 위의 재단은 무릎을 꿇은 채 경배하는 이들, 바로 위로 성모 마리아와 사도 요한이 예수를 가리키고, 위쪽의 격자로 장식된 짧은 터널식 채플에 예수와 그를 부축하는 하나님의 모습까지 네 부분으로 나눌 수 있는데요. 각 단계마다 점점 더 깊어지는 공간감이 느껴지나요? 그리고

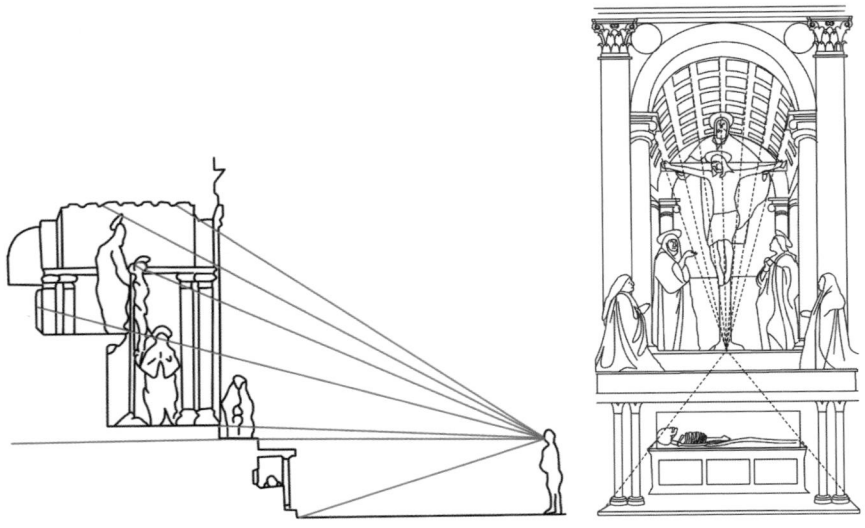

아래 부분도 제단 위와 아래의 판석, 글씨가 써진 벽, 석관과 석관 벽 사각형, 석관과 맨 아래 판석, 이렇게 네 개의 공간으로 입체감을 보여줍니다. 마치 실재의 공간을 옆에서 본 모습처럼 그린 그림(위 왼쪽)을 보실래요? 좀 더 확실하게 공간감을 볼 수 있을 겁니다.

그 옆 그림에서 모든 사각형과 인물들을 연결하면 돌 제단의 한가운데에서 만나는 것이 보이나요? 이런 점을 소실점(vanishing point)이라고 합니다. 이 위치에서 그림을 보면 평면의 벽 위에 그려졌지만 마치 실제 공간에 인물들이 존재하는 것처럼 보이는 환영효과가 극대화됩니다. 금방이라도 그림 안으로 걸어 들어가 직접 신을 만날 수 있을 것처럼 보이지 않나요? 이처럼 평면에 그려져 있는데 공간 속에 모든 존재들이 살아 있는 듯 보여주는 것이 원근법의 기적입니다.

잠깐, 회화에서 사용되고 있는 투시도법, 또는 원근법에 대해 더

5. 원근법, 기하학의 새로운 세상을 열다

알프레히트 뒤러, 『인체비례론』(뉘른베르크, 1528)의 삽화, 1525년

알아보고 갈까요? 원근법은 우리가 보고 있는 물체를 눈에 보이는 그대로 평면에 표현하는 방법입니다. 원근법에는 크게 선 원근법과 대기 원근법이 있습니다. 마사초가 사용한 방법이 바로 선 원근법으로 멀리 있는 것은 작게, 가까이 있는 것은 크게 나타내는 방법이에요. 이때 모든 선들을 이으면 한 점에서 만나도록 하는 방법입니다. 이 만나는 점을 소실점이라고 하는데 한 점, 두 점 등 다양하게 만들 수도 있습니다. 대기 원근법은 색채의 짙고 옅음을 이용하여 원근을 표현해서 평면에 공간감을 주는 방법입니다. 대체로 서양화에서 사용하는 것이 선 원근법이라면 동양의 수묵화에서는 대기 원근법이 많이 사용됩니다.

그런데 당시 이 그림만 보고 원근법을 어떻게 사용하는지 알 수 있었을까요? 그것을 해결해 준 사람이 알베르티(Leone Battista Alberti, 1404~1472)입니다. 그가 원근법을 이론적으로 정리한 『회화에 관하여 *On Painting*』(1436)를 출판해 드디어 많은 화가들도 원근법을 쉽게 사용할 수 있게 됩니다. 특히 알베르티는 보다 정확하게 원근법을 사용하기 위해 그물 망사로 만든 도구까지 개발했는데 이것을 '알베르티의 그리드'라고도 합니다. 독일 르네상스의 대표적인 화가 뒤러(Albrecht Dürer, 1471~1528)가 남긴 판화에서 그 실체를 확인할 수 있는데요, 이걸 사용하면 마치 모눈종이를 대고 그린 듯 정확하게 원근법을 나타낼 수 있었겠지요.

이후 원근법은 우첼로(Paolo Uccello, 1397~1475)와 프란체스카(Piero della Francesca, 1415~1492)에 의해 더욱 체계화되고 널리 보급되면서 16세기 초 즈음에는 화가나 건축가들은 거의 다 알고 있는 일반적인 상식이 되었으며 그 영향력은 18세기까지도 지속됩니다.

원근법과 수학이 관계가 있다고?

그렇다면 회화에서 15세기부터 적극적으로 활용하고 있었던 원근법을 수학적으로 고민하기 시작한 시점은 언제였을까요? 놀랍게도 한참이나 뒤늦은 17세기 즈음이었습니다. 대부분은 수학적 발견이 미술에 영향을 미쳤지만 원근법은 회화에서 시작해서 수학에 영향을 미친 이론이기도 합니다.

원근법을 수학적으로 처음 관심을 둔 사람은 데자르그(Girard Desargues, 1593~1662)입니다. 그는 1639년 원근법에 따라 물체의 상

5. 원근법, 기하학의 새로운 세상을 열다

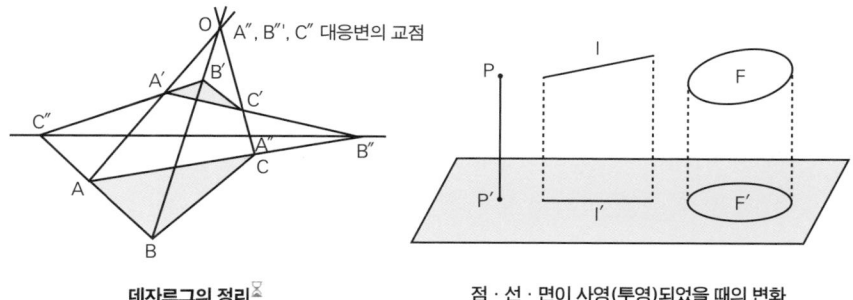

데자르그의 정리 ⊠

점 · 선 · 면이 사영(투영)되었을 때의 변화

을 작도하는 기하학적 방법들을 제시하면서 사영(투영)했을 때(즉 공간에 있는 물체의 형태나 위치를 평면 위에 나타낼 때) 생기는 이미지가 보존되는 도형의 성질을 연구하게 됩니다. 점, 선, 면 같은 요소들이 사영(투영)되었을 때 그것들은 형태를 유지하지만 길이, 비율, 각도 같은 것들은 변한다는 것을 발견해 내지요. 그러나 당시에는 특별한 관심을 끌지 못합니다.

이후 파스칼(Blaise Pascal, 1623~1662)이 데자르그의 연구를 더욱 발전시켜 나갔지만 당시는 미적분학과 해석기하학이 한창 연구되던 시대 분위기 때문에 별다른 주목을 받지 못한 채 이후 거의 250년이나 묻혀 있게 됩니다.

그러다 지도를 만드는 투영법의 영향을 받아 몽주(Gaspard Monge, 1746~1818)가 3차원 공간의 입체를 평면에 표현하는 방법을 연구하

⊠ 데자르그의 정리는 삼각형 ABC와 삼각형 A'B'C'에서 대응하는 꼭지점을 연결한 세 직선이 한 점에서 만날 때, 대응하는 세 쌍의 변의 연장선의 교점에 있는 세 점은 한 직선 위에 있다는 것으로 사영기하학의 기본 정리입니다.

는 화법기하학을 생각해 냅니다. 몽주의 화법기하학은 입체를 세 방향에서 정사영(수직으로 투영시키는 방법)시켜 그려내는 방법으로 이전에 비해 훨씬 정확한 도면을 그릴 수 있게 합니다. 특히 이 기법은 적의 요새의 모습을 완전히 파악할 수 있는 도면을 그리는 데 이용될 수 있어서 프랑스에서는 다른 나라에 누설되는 것을 막기 위해 군사기밀로 30년 동안이나 발표하는 것을 금지시켰다고 하지요.

사영이나 화법과 같은 용어가 너무 낯설죠? 그런데 우리 일상에서 이 기하학이 사용되는 사례를 만날 수 있습니다. 어디에서요? 혹시 미술관이나 박물관에 갔을 때, 건물 각 층에 무엇이 있는지 소개하는 리플릿(leaflet)을 본 적이 있나요? 그 안내도가 바로 화법기하학으로 그려진 것입니다. 조금 놀라셨나요? 이렇게 수학은 우리 삶과 항상 가까이 있습니다. 화법기하학은 현재도 공학의 설계(Computer

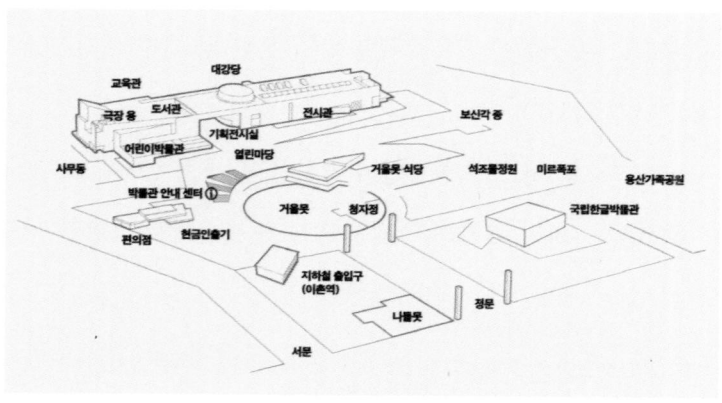

국립중앙박물관 리플릿 일부

Aided Design)나 컴퓨터 그래픽(Computer Graphics) 등에 많이 응용되고 있습니다.

이 화법기하학을 몽주의 제자인 퐁슬레(Jean Poncelet, 1788~1867)가 이론적으로 체계화하여 도형의 사영적 성질을 연구하는 사영기하학을 만들게 됩니다. 이렇게 해서 완전히 잊혀져 있던 사영기하학을 퐁슬레가 하나의 수학 분야로 만들면서 그는 현대 기하학의 아버지라 불리고 있죠.

15세기 그림에서 발견한 원근법이 17세기의 사영기하학으로 발전한 것입니다. 그럼 이집트의 토지 측량에서 시작했던 기하학이 21세기 현재 어떻게 변화되어 있는지 기하학의 역사를 훑어보기로 할까요?

점·선·면에서 위상수학까지, 기하학의 발전

현재 기하학은 유클리드의 제5공준(평행선 공준)을 인정하느냐 하지 않느냐에 따라 크게 유클리드 기하학과 비유클리드 기하학으로 나뉩니다. 먼저 **유클리드 기하학**은 『원론』에 나와 있는 정의와 공준을 바탕으로 점, 직선, 원, 다각형, 다면체, 원뿔곡선을 다루는 기하학으로 이들 문제를 푸는 데 가장 중요한 개념은 합동과 닮음입니다.

이 기하학은 거의 2,000년 동안 유일한 기하학으로 존재하다가 르네상스 시대에 발명된 원근법의 영향을 받아 18세기 화법기하학과 19세기 사영기하학이 만들어지는데 이 과정은 앞에서 살펴보았습니다.

이 사이 약 17세기에 데카르트(Descartes René, 1596~1650)와 페르마(Pierre de Fermat, 1601~1665)가 대수학을 기하학에 결합한 해석기하학을 만들어냅니다. 워낙 몸이 약했던 데카르트는 침대에 누워서 보내는 시간이 많았는데 천장에 기어 다니는 파리를 보고 있다가 이런 발상을 했다는 재미있는 일화가 전해지죠. 데카르트는 기하학에 x, y, z라는 미지수로 수량을 나타내는 대수적 표기법을 처음으로 도입했으며 대수학적 연산과 기하학적 연산 사이의 대응 관계가 성립한다는 것을 발견합니다. 여기에 페르마가 도입한 점의 좌표, 도형의 방정식, 그 역인 방정식이 나타내는 도형 등의 개념이 합해져서 도형을 완전히 대수학적 연산으로 바꾸어 결과를 얻어 낼 수 있는 해석기하학이 탄생하게 됩니다.

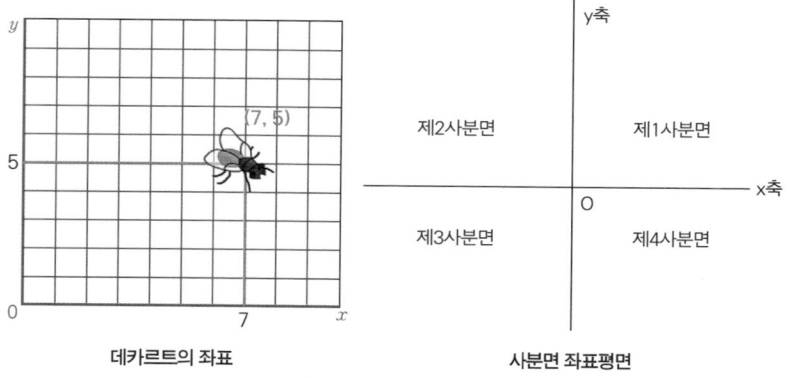

데카르트의 좌표

사분면 좌표평면

5. 원근법, 기하학의 새로운 세상을 열다

하지만 이 두 사람 모두 당시에는 음수를 사용하지 않았기 때문에 이들의 발견은 불완전한 해석기하학이었습니다. 좌표도 지금과 같은 모양이 아니었으며 좌표라는 용어 자체도 이후에 라이프니치가 생각해 낸 것입니다. 현재 사용하고 있는 (0, 0)을 가로지르는 축을 이용한 사분 그래프는 뉴턴이 도입했으며 음수까지 사용하게 되고서야 현재의 해석기하학의 개념이 정립될 수 있었습니다.

한편 18세기 오일러(Leonhard Euler, 1707~1783)가 살았던 쾨니히스베르크 시에는 풀리지 않은 수학 문제가 있었습니다. 그곳에는 7개의 다리가 있었습니다. 이 다리를 어느 것이나 한 번씩 중복 없이 건너서 원래의 위치로 돌아올 수 있는가를 묻는, 일명 '쾨니히스베르크의 다리'로 알려진 문제였지요. 오일러가 그것이 불가능함을 증

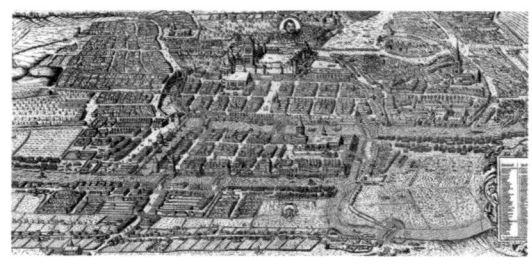

위 왼쪽 ➡ 쾨니히스베르크 다리 건너기
위 오른쪽 ➡ 한 붓 그리기 도형
왼쪽 ➡ 뫼비우스의 띠

명함으로써 위상수학이 시작됩니다. 또 들어보지 못한 용어가 나왔죠? 그럼 혹시 '한 붓 그리기'나 '뫼비우스 띠'는 들어본 적 있나요? 한 붓 그리기는 한 번도 연필을 떼지 않고 도형을 그리는 방법을 찾는 것이고 뫼비우스 띠 같은 경우는 시작과 끝을 찾을 수 없는 도형입니다. 이런 도형을 연구하는 것이 위상수학 분야입니다.

즉 **위상수학**은 위치와 형상에 대한 공간의 성질을 연구하는 학문으로, 쉽게 이야기하면 모습은 다르게 생겼지만 적당히 늘이거나 줄여서 같은 모양으로 만들 수 있는 것인지 아닌지를 연구하는 것입니다. 예로 손잡이가 달린 컵과 도너츠는 위상수학에서는 같은 모양이라고 할 수 있는 것이죠. 그럼 컵이 어떻게 도너츠로 변신할 수 있는지 한번 볼까요?

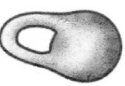

이상과 같이 유클리드 기하학은 세분화되고 있습니다. 여기서 이야기만 듣고 넘어가기에는 조금 아쉬운 느낌이죠? 한 붓 그리기 문제를 직접 풀어보고 가지요. 한 붓 그리기 도형은 어디서부터 그리기 시작해야 한 번도 연필을 떼지 않고 도형을 완성할 수 있을까요? 한 붓 그리기가 가능한 도형은 홀수 점(꼭짓점에 모이는 선의 개수가 홀수인 것)이 하나도 없거나, 또는 꼭 2개만 있는 경우입니다. 그렇다

5. 원근법, 기하학의 새로운 세상을 열다

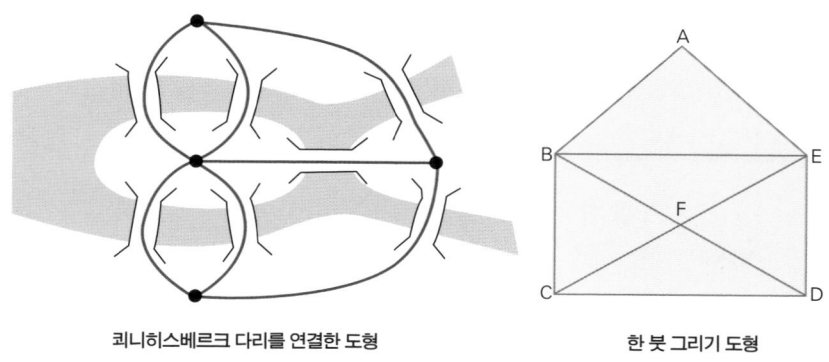

쾨니히스베르크 다리를 연결한 도형   한 붓 그리기 도형

면 어디에서 출발해야 되는지 아시겠죠? 짝수 점만 있는 것은 어디에서나 시작해도 되지만 홀수 점 2개가 있는 것은 홀수 점에서 시작해서 홀수 점에서 끝나야 합니다. 그렇다면 쾨니히스베르크 다리와는 어떤 차이가 있는지 한번 그려 보실래요?

기하학의 또 다른 세상, 비유클리드 기하학

이렇게 유클리드 기하학이 다양하게 변화되고 있는 가운데 19세기에 들어서면서 굳건했던 유클리드의 기하학에 의문이 제기되기 시작합니다. 유클리드 기하학에서는 '주어진 직선 밖에 있는 점을 지나는 직선 중에 주어진 직선에 평행인 직선은 하나뿐이다.'라고 가정합니다. 흔히 '평행선 공준'으로 알려진 이 제5공준에 반하는 기하학이 발견되면서 **비유클리드 기하학**이 탄생하게 됩니다. 명칭은

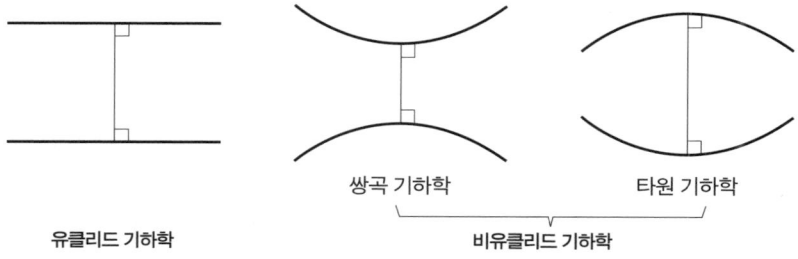

쌍곡 기하학   타원 기하학

유클리드 기하학   비유클리드 기하학

가우스(Carl Friedrich Gauss, 1777~1855)가 지었다는군요.

비유클리드 기하학에 속하는 대표적인 기하학으로 쌍곡기하학과 타원기하학이 있습니다. 쌍곡기하학은 '어떤 직선 밖의 점을 지나는 직선 중에서 주어진 직선과 만나지 않는 직선은 하나 이상이다.'로 대체하고, 타원기하학은 평면 위의 어떤 두 직선을 계속 연장하면 결국 만나기 때문에 평행선은 없다는 것으로 아예 제5공준을 부정하는 것입니다. 하지만 최근에 이외에도 다른 기하학들이 발견되면서 그 범위가 점점 넓어지고 있어요.

기하학은 19세기를 지나면서 점점 세분화되기 시작해 현재는 프랙털이나 카타스트로피 이론 등 무한 변신이 계속되고 있습니다. 지금까지 이야기한 기하학 역사를 나카다 노리오(仲田紀夫)는 이렇게 그림으로 간단히 설명했습니다. 한번 볼까요? 한눈에 기하학의 역사를 볼 수 있습니다.

5. 원근법, 기하학의 새로운 세상을 열다

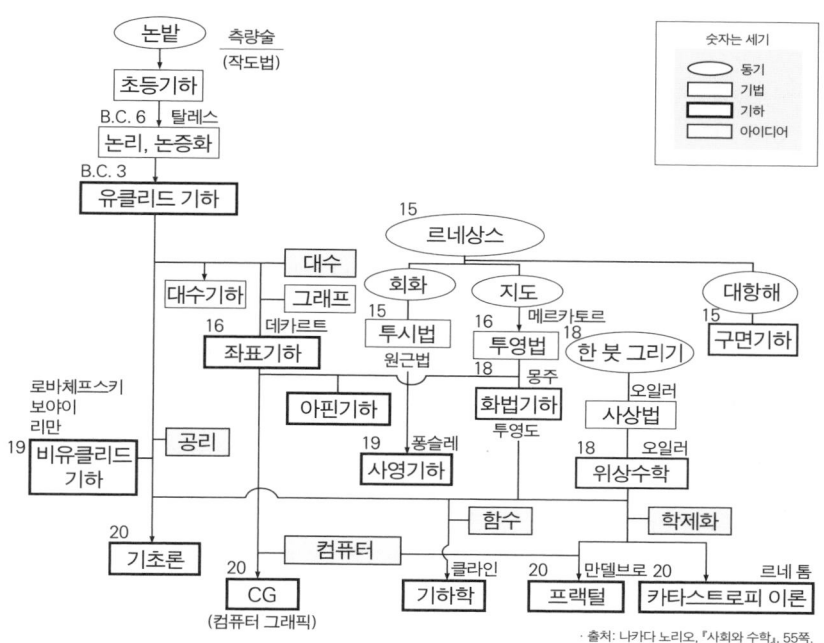

· 출처: 나카다 노리오, 『사회와 수학』, 55쪽.

아주 오래된 기하학, 삼각법

여기에는 빠져 있지만 가장 오래된 수학의 한 분야로 기하학에서 다루어왔던 주제가 있습니다. 바로 삼각법이지요! 삼각법은 삼각형의 요소, 즉 세 변과 세 각 사이의 관계를 알아내고, 주어진 조건을 만족하는 삼각형을 결정하거나 또 이를 이용하여 삼각형과 관계되는 문제를 해결하는 데 사용됩니다. 삼각법은 크게 평면삼각법과 구면삼각법으로 나뉘죠. **평면삼각법**은 2차 공간, 즉 평면에 있는 삼각형의 각의 크기와 변의 길이의 관계를 다루며 방사선, 빛과 소리의 전달이나 주기적인 현상의 물리학 분야에 응용됩니다. **구면삼각법**은 3차 공간, 즉 구면에 있는 삼각형을 다루며 천문학, 장거리 항해, 점성술 등에서 필요한 위치나 거리 등을 조사하는 데 사용되었습니다. 특히 구면삼각법은 일찍부터 이집트와 같은 고대 국가들에서 토지 측량이나 천문 관측 등에 사용되었습니다. 하지만 당시에는 기하학을 이용해서 사용하는 단순한 계산법에 불과했죠. 그러다 대수학의 발달과 함께 독립된 이론으로 발전합니다.

여기에 기여했던 중요한 인물들이 있습니다. 천문학에 필요한 구면삼각법의 창시자는 고대 그리스의 히파르코스(Hipparchos, B. C. 190?~125?)입니다. 최초로 간단한 삼각함수표를 만들었지요. 그 후 톨레미(Ptolemy, 85?~165?)가 13권으로 된 책 『알마게스트 *The Almagest*』에 구면삼각형의 해법인 덧셈정리, 반각정리, 사인정리 같은 것들을 증명해 놓았습니다. 이를 바탕으로 10세기 아불 웨파(Abul-Wefa, 940~998?)는 탄젠트(tan), 코탄젠트(cot), 시컨트(sec), 코시컨트(cosec)의 개념을 확립하면서 사인(sin), 코사인(cos)까지 6개의 삼각함수를 모두 사용하게 되었고, 나시르 아딘 아투시(Nasir addin at-Tusi, 13세기 후반)는 평면삼각법과 구면삼각법을 체계화합니다.

이것이 14세기 이후 유럽으로 들어와서 삼각법은 산술, 대수, 기하로 종합된 체계를 세워 하나의 수학 분야가 됩니다. 특히 코페르니쿠스의 제자인 레티쿠스(Rheticus, 1514~1576)가 12년에 걸쳐 6가

5. 원근법, 기하학의 새로운 세상을 열다

지 삼각함수에 관한 10초 간격의 15자리표를 만들었죠. 이것이 현재 사용하고 있는 삼각함수표의 기반이 되었으며, 이때 비로소 삼각함수를 직각삼각형의 변과 관련시켜 삼각비를 지금과 같이 정의하게 돼요.[9] 이후 삼각함수에 미적분을 적용하는 해석적 삼각법이 생기고 물리학에 유용하게 사용할 수 있다는 것이 발견되면서 현재 가장 실용적이고 중요한 수학 분야가 되고 있습니다.

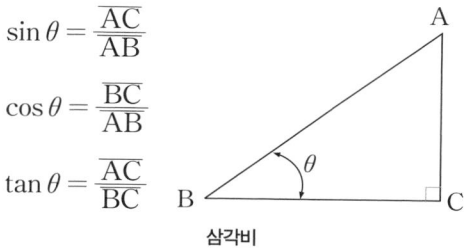

삼각비

각도	사인 (sin)	코사인 (cos)	탄젠트 (tan)	각도	사인 (sin)	코사인 (cos)	탄젠트 (tan)
0°	0.0000	1.0000	0.0000	45°	0.7071	0.7071	1.0000
1°	0.0175	0.9998	0.0175	46°	0.7193	0.6947	1.0355
2°	0.0349	0.9994	0.0349	47°	0.7314	0.6820	1.0724
3°	0.0523	0.9986	0.0524	48°	0.7431	0.6691	1.1106
4°	0.0698	0.9976	0.0699	49°	0.7547	0.6561	1.1504
5°	0.0872	0.9962	0.0875	50°	0.7660	0.6428	1.1918
6°	0.1045	0.9945	0.1051	51°	0.7771	0.6293	1.2349
7°	0.1219	0.9925	0.1228	52°	0.7880	0.6157	1.2799
8°	0.1392	0.9903	0.1405	53°	0.7986	0.6018	1.3270
9°	0.1564	0.9877	0.1584	54°	0.8090	0.5878	1.3764
10°	0.1736	0.9848	0.1763	55°	0.8192	0.5736	1.4281

삼각비의 표

짧게나마 기하학의 역사를 살펴봤습니다. 초등학교나 중·고등학교 때는 사용하지 않는 전문 용어들이 많이 나와서 힘들지 않았나요? 여기서, 재미있는 이야기 하나! '기하'는 한자로 幾何라고 쓰는데 이건 무슨 뜻일까요? '몇 어찌'로 해석합니다. 유명한 국문학자 양주동(梁柱東, 1903~1977) 선생은 한문학만 하다 신학문을 배우기 위해 교과서를 샀다가 처음 본 '幾何(몇 기[幾], 어찌 하[何])'가 무엇인지 밤새 생각하다 세수도 하지 않고 학교에 가서 선생님에게 질문을 했다고 합니다. 사실 영어의 기하, geometry(측지술)는 geo(땅)와 metry(측량)의 합성어인데요, 이를 중국 명나라 수학자 서광계(徐光啓, 1562~1633)가 중국어로 옮기면서 geometry의 앞 단어 지오(geo, 땅)만을 따서 '지허(幾何의 중국음)'라 음역한 것을 우리는 우리 한자음으로 기하라 하게 된 것입니다.

그렇다면 몇 어찌, 기하학은 교과서에서 언제 등장하고 무엇을 배우게 될까요?

교과서에서 기하학을 언제, 어떻게 배울까?

문명의 시작과 함께 시작해서 21세기 현재까지도 다양하게 변화하고 있는 기하학은 그 긴 역사만큼이나 교과서에서도 오래 등장합

5. 원근법, 기하학의 새로운 세상을 열다

니다. 초등학교부터 고등학교 3학년까지 꼬박 12년 동안 배우지요. 그러나 대부분 유클리드 기하학의 범위에 있는 것들입니다.

초등학교 1학년에 들어가면 점, 선, 면 등 기하학의 기본 요소들을 익히면서 점차 원을 비롯한 다양한 평면도형에 대해서 배웁니다. 초등학교 6학년이 되어 입체도형을 배우면 기본적인 도형에 대해 모두 알게 됩니다.

이렇게 초등학교에서 배운 기하학에 관한 기초 지식을 바탕으로 중학교에 입학하면 도형을 좀 더 깊이 있게 배우기 시작합니다. 그런데 무슨 이유인지 중학교 3년 동안은 정확히 1학기는 대수, 2학기는 기하학으로 분리해서 배우도록 구성되어 있습니다. 왜 이렇게 배울까요?

수학의 역사를 보면, 17세기 해석기하학이 등장하기 전까지는 대수와 기하학이 서로 연결될 수 있다는 것을 몰랐습니다. 그래서 기하학은 기하학대로 대수는 대수학대로 각각 발전하고 있었죠. 그러다 해석기하학으로 기하학과 대수학이 서로 밀접한 관계를 맺기 시작합니다. 중학교 수학에서 대수와 기하학을 따로 배우는 것은 이런 수학의 역사를 반영한 것이 아닐까요? 각각의 분야를 충분히 공부한 다음, 대수와 기하를 연결하는 해석기하학을 배운다면 좀 더 쉽게 이해할 수 있을 테니까요.

중학교 3년 동안 삼각형, 사각형, 원의 정의와 특징을 비롯해서 각 도형들의 성질을 익히고 특히 합동, 닮음, 비례 등의 개념과 응용하는 방법들을 배우게 됩니다. 그런데 잠깐 고대부터 사용되었던 구면 삼각법에 속하는 삼각비에 관한 기초 지식을 중학교 때 배우고 지나가게 됩니다. 이후 삼각비는 공식으로만 사용되다 더 깊이 들어가는 삼각함수와 방정식은 고등학교 때 선택한 학생들만 배우게 되죠.

사실 대수 문제는 어떻게든, 즉 도저히 안 풀리면 숫자를 대입이라도 해서 답을 찾을 수 있기는 합니다. 그러나 도형 문제는 도형을 보는 순간 배웠던 모든 성질과 특징들이 보여야 풀 수 있습니다. 그러니 피아노 연습처럼 어려워도 꾸준히 연습하다 보면 손이 건반을 기억하듯이 도형을 보는 순간 해법이 보이는 날이 찾아올 거예요. 이런, 매 단원마다 꾸준히, 열심히 하라는 이 끝없는 잔소리를 어쩌죠? 하지만 명심하고 실천하면 꼭 수학은 여러분에게 좋은 친구가 되어 줄 것이라 믿습니다.

이렇게 기초적인 기하학 공부를 끝내고 고등학교에 들어가면 드디어 17세기 해석기하학의 세계로 진입하게 됩니다. 이제까지 단순하게 방정식만, 도형만 배웠던 것들을 방정식을 기하학으로, 기하학을 방정식으로 변형시켜 풀어야 하는 해석기하학을 배우게 되는 것이죠. 해석기하학은 수학이 해석기하학이 있기 전과 후로 나뉠 만큼 수학사의 혁명에 가까웠던 발견이었습니다. 그만큼 이후의 모든 수학에 큰 영향을 미치게 되죠. 하지만 해석기하학이란 용어는 고등학교 때까지 등장하지는 않습니다.

고등학교에서 공통으로 배우는 해석기하학은 직선을 식으로 나타내는 직선의 방정식, 원을 식 형태인 원의 방정식으로 변형시키는 방법까지입니다. 물론 그 역, 즉 1차 방정식을 직선으로, 원의 방정식을 원으로 그릴 수 있기도 해야 하는데 여기까지가 고등학교에서 배우게 되는 해석기하학의 범위입니다.

직선의 방정식 부분은 중학교 때 배우는 1차 방정식과 함수 부분과도 연결되어 있어 딱히 새롭다는 느낌이 많이 들지는 않을 겁니다. 그런데 중학교 때까지 도형으로만 접했던 원이 방정식으로 바뀌는 원의 방정식은 완전히 다르게 보일 수 있습니다. 하지만 같은 것이 기하학과 방정식으로 표현하는 방법이 다양해진 것뿐입니다. 그러니 문제를 풀 때도 기하학과 방정식 두 가지 방법을 서로 바꿔가면서 생각하는 습관을 들이길 바랍니다.

즉 기하학 문제는 식과 그림으로, 방정식이나 함수 문제도 식이 잘 안 풀리면 그림으로 그려 보길 권합니다. 그림은 때때로 해법이 숨어 있는 보물지도이기도 하죠. 그런데 이때부터는 간혹 중학교 때 배웠던 기하학의 성질들까지 응용해서 풀어야 하는 문제들이 나오니 기억해야 할 수학 내용의 범위가 점점 넓어지기 시작합니다. 참, 고등학교에 입학하면서 중학교 책이나 문제집을 버리는 친구들이 많은데 '수학 교과서'는 꼭 챙겨 두길 바랍니다. 언제라도 기억나지 않으면 찾아봐야 하니 말입니다.

교과서 속 기하학

중학교 1학년 1학기	중학교 2학년 1학기	중학교 3학년 1학기
I. 기본 도형 1. 기본 도형 2. 위치 관계 3. 작도와 합동 **II. 평면도형** 4. 다각형 5. 원과 부채꼴 **III. 입체도형** 6. 다면체와 회전체 7. 입체도형의 겉넓이와 　부피	**II. 삼각형의 성질** 1. 삼각형의 성질 **III. 사각형의 성질** 1. 평행사변형 2. 여러 가지 사각형 **IV. 도형의 닮음** 1. 도형의 닮음 2. 평행선과 　선분의 길이의 비 3. 닮음의 활용	**II. 피타고라스 정리** 2. 피타고라스 정리와 도형 3. 피타고라스 정리의 활용 **III. 삼각비** 4. 삼각비 5. 삼각비의 활용 **IV. 원의 성질** 6. 원과 직선 7. 원주각 8. 원주각의 활용
고등학교 1학년	고등학교 2학년	고등학교 3학년
IV. 도형의 방정식 1. 평면좌표와 　직선의 방정식 2. 원의 방정식 3. 도형의 이동	이 시기에는 미적분을 집중적으로 배우게 되며 따로 기하학에 관한 내용을 배우거나 하지는 않습니다. 그러나 미적분을 다룰 때 함수부터 방정식 그리고 기하학까지 다 사용하게 됩니다.	**I. 평면 곡선** 1. 이차곡선 2. 평면 곡선의 접선 **II. 평면벡터** 3. 벡터의 연산 4. 평면벡터와 평면 운동 **III. 공간도형과 공간좌표** 5. 공간도형 6. 공간좌표 **IV. 공간벡터** 7. 공간벡터 8. 도형의 방정식

그림 이야기로 되돌아가 볼까요? 원근법이 크게 유행했던 르네상스 시대에, 원근법을 가장 많이 연구했던 레오나르도 다빈치가 한편으로는 역원근법 혹은 왜상(anamorphosis)에 대한 연구를 처음으로 한 인물이기도 합니다. 왜상이란 의도적으로 실제 형상을 변형시켜 어떤 위치나 각도에 따라 다르게 보이는 상을 말합니다. 그림을 변형시키기 위해 원기둥, 원뿔, 피라미드 모양의 거울에 반사되는 형상을 그리는 방법을 이용하기도 하는데 이것은 사영기하학을 이용한 예술이기도 합니다. 쉽게 해 볼 수 있는 방법으로 숟가락을 뒤집어 그곳에 비친 얼굴을 그림으로 옮겨 보는 것입니다. 이해가 좀 빨리 되었나요?

그렇다면 다음 왼쪽 작품 〈찰스 2세〉는 어떻게 해야 제대로 된 모습을 볼 수 있을까요? 십자가가 있는 구를 살짝 가리는 위치에

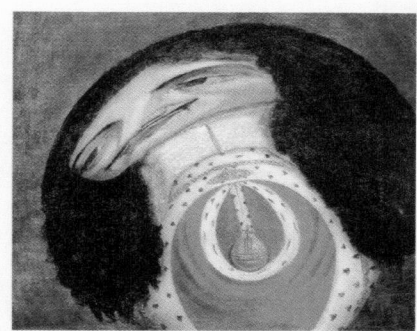 

작자 미상, 〈찰스 2세〉, 1660년 이후

이스트반 오로스(István Orosz), 〈왜상 드로잉〉, 연도 미상

원기둥을 세우면 원래의 그림을 볼 수 있습니다. 오른쪽, 이스트반 오로스의 작품은 왜상을 어떻게 그리는지를 보여주기도 합니다. 실제 스탠드처럼 안에 조명이 있는 유리로 된 원기둥 모양에 그림을 붙이고 불을 켜면 아래에 이미지가 퍼져서 보입니다. 이것을 따라서 그리고 원기둥을 빼면 왜상이 그려지게 되는 거죠. 그런데 꼭 뺀 그 자리에 원기둥을 세워야 원래의 그림을 볼 수 있기 때문에 표시를 해 두기도 합니다.

이런 왜곡상을 이론화한 사람은 프란체스코 성당의 수사이자 수학 교수였던 니세롱(Jean Franços Nicerons, 1613~1646)입니다. 그는 연구한 내용을 『신기한 원근법 혹은 인공적 마술 혹은 놀라운 효과의 인공적 마술』(1638)이라는 책에 정리해 놓았습니다. 특히 왜곡상은 원근법이 일반인들에게까지 알려지고 거기에 광학의 발달이 더해지면서 17세기에 크게 유행하는데 귀족, 승려, 지식인 등 상류층들이 즐겼다고 합니다. 이후 18세기 인쇄술의 발달로 복제화가 대량 보급이 가능해지면서는 일반 서민층까지 즐길 정도로 대중화되었습니다. 진실을 숨길 수 있는 그림, 여러분은 어떤 비밀을 그림에 숨겨 놓고 싶은가요?

참, 이 원리를 이용해 만들어진 상품도 있는데 뭘까요? 노트북이나 핸드폰 보안필름입니다. 옆에서 보면 안 보이고 정면으로 봐야만 제대로 보이니 사람이 많은 곳에서 옆 사람이 볼까봐 신경 쓰이는 것을 해결할 수 있습니다. 게다가 지금까지도 왜상 놀이는 심심치 않게 발견할 수 있습니다. 혹시 동네 놀이터나 놀이공원 같은 곳에서 왜상 거울을 본 적이 있지 않나요? 주의 깊게 한번 둘러보시기 바랍니다. 또한 요즘은 아예 컴퓨터를 이용해 왜상을 그릴 수 있는 소프트웨어 프로그램까지 있다고 하니 생명력이 긴 기하학 놀이가 맞는 듯합니다. 아마 나만 볼 수 있고 나만 안다는 점이 사람들에게 주는 쾌감이 있나 봅니다.

왜상으로 유명한 또 다른 작품에는 한스 홀바인(Hans Holbein, 1497~1543)이 그린 〈프랑스 대사들〉이 있습니다. 이 작품은 1533년 부활절에 성직자인 조르주 드 셀브(Georges de Selves)가 영국 런던 주재 프랑스 대사 장 드 댕트빌(Jean de Dinteville)을 방문한 장

한스 홀바인, 〈대사들〉, 1533년

면을 그린 것입니다. 홀바인은 이 작품에 지구의, 컴퍼스, 해시계, 악기, 수학책 같은 소재들뿐만 아니라 원근법과 인체에 대한 해부학적인 지식과 구도법 등 르네상스 시대의 위대함을 보여줄 수 있는 모든 소재들을 다 그려 넣었습니다.

그런데 그림 아래 부분을 보면 다른 것들과 어울리지 않는, 알수 없는 길쭉한 모양의 뭔가가 그려져 있죠. 이것이 무엇일까요? 이 그림은 처음에 계단 벽에 걸릴 목적으로 그려졌는데 계단을 오르면서 보면 아무것도 아닌데 내려오면서 보면 점차 그 모습이 해골로 바뀌게 되는 왜상입니다. 왜 홀바인은 르네상스의 전성기를 대변하는 소재들과는 전혀 어울리지 않는 해골을 그려 넣었을까요?

해골 문양은 메멘토 모리(Memento Mori), 즉 '네가 죽을 것을 기억하라'라는 라틴어 명구를 상징하는 소재로 16세기에서 17세기 사이에 크게 유행했습니다. 홀바인도 이런 시대 분위기에 영향을 받은 듯합니다. 그림 속 등장인물들은 젊은 나이에 권력과 부를 소유한 이들입니다. 그러나 누구에게나 삶이 절정으로 올라갈 때는 모르지만 내리막길을 걷게 될 때 겪어야 하는 허무함이 있죠. 해골은 이런 삶의 그림자를 강렬하게 보여주는 듯합니다.

6

벼락부자가 되고 싶은가요?
: 확률의 역사

미켈란젤로 메리시 다 카라바조,
〈카드놀이 사기꾼〉,
1594~1595년

〈카드놀이 사기꾼〉은 카라바조(Michelangelo Merisi da Caravaggio, 1571~1610)의 삶의 전환점을 만들어준 작품 중 하나입니다. 그림 속 장면처럼 '도박'으로 한 번에 인생 역전을 한 것일까요? 카라바조는 6세 때 흑사병으로 아버지를 잃었고 19세가 되던 해에는 어머니마저 여의어 순탄치 않은 어린 시절을 보냈습니다. 결국 얼마 되지 않은 유산마저도 탕진하고 이리저리 떠돌다 로마로 왔지만 무명화가였던 21세의 카라바조가 할 일을 구하는 것은 쉽지 않았습니다. 그래서 여러 화실을 찾아다니면서 일과 잠자리를 해결하기도 하고 길거리에서 초상화를 그려주면서 하루하루를 버텨내고 있었습니다.

그러다 마침내 델 몬테(Francesco Maria del Monte, 1549~1626) 추기경을 만나면서 카라바조는 새로운 삶을 시작할 수 있게 됩니다. 델 몬테 추기경은 당시 이탈리아 최대 실권자였던 피렌체의 메디치(Medici) 가문의 후광으로 1588년 로마의 추기경이 되었으며 당시 최고의 지성과 권력을 지닌 인물이었습니다. 그런 델 몬테 추기경에게 미술품 중개인이었던 코스탄티노 스파타(Costantino Spata)가 친구였던 카라바조를 소개합니다. 이때 추기경이 바로 이 작품 〈카드놀이 사기꾼〉과 〈점쟁이 집시〉까지 두 작품을 사게 됩니다. 이를 계기로 델 몬테 추기경은 오랫동안 카라바조의 든든한 후원자가 되어 줍니다.

델 몬테 추기경을 사로잡은 이 무명화가 작품의 매력은 무엇이었을까요? 〈카드놀이 사기꾼〉을 좀 더 들여다볼까요? 초기 작품이어서 카라바조 특유의 화풍은 찾아볼 수 없지만, 무엇보다 이 작품의 주제가 당대 화가들과는 전혀 달랐습니다. 카라바조가 활동하던 시기는 아직 르네상스의 화풍에서 완전히 벗어나지 못하던 때였고 특히 가톨릭교회의 정치적 요구를 반영한 작품들이 많이 제작되고 있었습니다.

그런데 카라바조는 성서나 그리스 · 로마 신화의 내용이 아닌 로마의 일상생활에서 볼 수 있는 모습을 주제로 선택해서 밑그림을 그리지 않고 바로 그림을 그렸습니다. 특히나 〈카드놀이 사기꾼〉은 당시 도박을 즐겨하던 부패한 로마 사회의 일면을 담아내고 있었으니 델 몬테 추기경은 카라바조가 보여주는 새로운 세상에 완전히 시선을 빼앗길 수밖에 없었던 것 같습니다.

이처럼 카라바조는 진실, 즉 본 그대로의 사실에 집중한 화가였습니다. 시대가 말하는 아름다움의 기준을 따르지 않고 추하든 아름답든 보이는 사실, 즉 자연을 충실하게 표현했지요. 그래서 직업 모델도 쓰지 않았고, 예수를 그릴 때나 강도를 그릴 때 거리에 나가 직접 그에 맞는 사람을 데려와 작업할 정도였다고 합니다. 또한 그는 마

　　　　　　　　　　　　　　　　　6. 벼락부자가 되고 싶은가요?

치 현장에 있는 것처럼 느끼게 하는 카이로스큐로(Chiroscuro)라는 명암법을 발명하기도 합니다. 이 기법은 빛의 다양한 성질—반사, 역광, 흡수, 그림자 등—을 이용하는 것으로 이후 여러 화가들에게 영향을 미칩니다.

그런데 17세기를 지나면서 도박은 카라바조뿐만 아니라 많은 화가들의 작품 주제가 될 만큼 유럽사람 대부분이 즐겨하는 놀이가 되었습니다. 도박은 과연 수학과 어떤 연관이 있을까요? 의외로 도박이 대중화되고 나서도 한참이 지나서야 이 놀이가 수학과 관련이 있다는 사실이 발견되었다고 합니다. 이런 발견은 이후 수학의 한 분야인 확률 · 통계학이 출발하는 데 큰 역할을 합니다. 그렇다면 확률 · 통계학이 수학으로 정립되는 과정을 그 배경이 된 도박의 역사와 함께 알아보기로 할까요?

주사위에서 카드놀이까지, 우연의 놀이

도박은 인류 역사의 시작과 함께하고 있습니다. 고대 도박은 종교적인 의식에서 시행한 제비뽑기로부터 시작했습니다. 모든 원시 문화에는 어떤 형태로든 주사위 놀이와 비슷한 도박이 있었다고 합니다. 도박에 쓰인 최초의 도구는 고대 사람들이 가장 흔하게 사용한

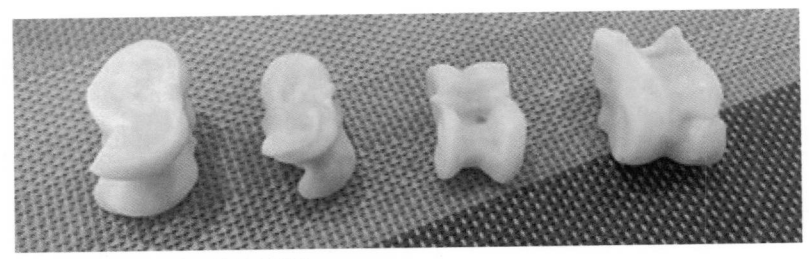
양의 복사뼈로 만든 몽골 지역의 주사위

동물 뒷발에 있는 발목뼈(복사뼈)입니다. 복사뼈를 오늘날의 주사위처럼 사용했습니다. 복사뼈는 길쭉한 모양의 네 면으로 되어 있는데 서로 구별할 수 있을 정도로 모양이 모두 달라서 초기 복사뼈는 아무런 표시 없이도 사용할 수 있었습니다.

세월이 흐르면서 어느 시점에 이 뼈를 갈아서 정육면체로 만든 여섯 면 주사위가 복사뼈를 대신하게 되었을 것으로 추정합니다. 각 지역마다 다양한 모양의 주사위가 만들어졌지요. 그럼 세계 각지에서 만들어진 도박의 도구들을 알아볼까요?

우리나라에서 발견된 주사위는 경주 안압지에서 출토된 14면체 주사위로 주령구라고 불립니다. 통일신라시대 귀족들의 술자리에서 재미를 돋우는 놀이도구로, 14면에 각각 14가지 벌칙이 적혀 있는데 이는 우리나라에만 있는 독특한 놀이문화를 보여주는 유물이라고 합니다. 벌칙으로 무엇이 있었는지 한번 볼까요? 술 다 마시고 크게 웃기(음진대소, 飮盡大笑), 옆 사람과 팔짱 끼고 술 다 마시기(곡비즉진, 曲臂則盡), 마음대로 지목해서 노래 청하기(임의청가, 任意請歌)……. 몇 가지는 요즘에도 하는 놀이네요.

6. 벼락부자가 되고 싶은가요?

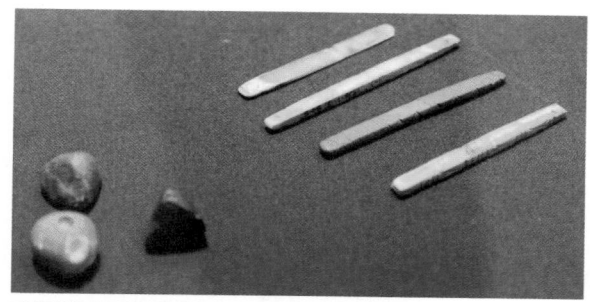
메소포타미아 주사위

로마 주사위

통일신라 주사위

　그렇다면 이 주사위가 언제부터 놀이에 사용되기 시작했을까요? 언제 처음 시작했는지 정확한 시기는 알 수 없습니다. 남아 있는 최초의 기록은 『주사위 놀이에 대하여』에서 찾아볼 수 있습니다. 방정식의 역사에도 기여한 카르다노(Girolamo Cardano, 1501~1576)가 쓴 저서이지요. 그의 기록에 따르면, 10년 동안 트로이를 포위 공격하고 있던 그리스 병사들의 사기를 북돋우기 위해 여러 가지 놀이가 고안되었는데 그중에 하나가 주사위 놀이였다고 합니다.

　하지만 로마시대에는 이미 주사위를 이용한 돈내기가 고위층부터 하류층까지 대부분이 했던 흔한 오락이었다고 합니다. 황제 클라우디우스(Claudius, B.C. 10~A.D. 54)는 주사위 놀이를 좋아해서 『주사위 놀이에서 이기는 방법』이라는 책까지 썼으며, 황제 마르쿠스 아우렐리우스(Marcus Aurelius, 121~180)는 함께 놀이를 할 수 있는 사람들을 가는 곳마다 데리고 다닐 정도였다고 합니다. 이런 일화를 보면 확실히 일찍부터 주사위가 놀이에 사용되고 있었던 것 같지요.

그렇다면 도박의 또 다른 종류인 카드놀이는 언제부터 시작했을까요? 카드놀이 역시 정확한 기원은 확실치 않지만 그 발명은 이집트, 중국, 인도 등 여러 곳에서 시작되었다는 설이 있습니다. 이런 카드놀이가 십자군 전쟁※을 통해 유럽에 유입됐는데 현재 사용하고 있는 형태로 만들어진 것은 약 16세기 초입니다. 특히 처음에는 카드를 손으로 직접 그려서 만들었기 때문에 비싸고 귀한 사치품으로 상류계층만 구입할 수 있었죠. 그러다 인쇄술의 발명 이후 다량으로 제작되어 싼 값에 일반인들도 가질 수 있게 되면서 카드놀이가 대중화됩니다.

그런데 주사위나 카드놀이가 대중화되면서 끊임없이 금지시키려고 했다는 사실을 아시나요? 그리스와 로마에서는 특정 시기를 제외하고는 하지 못하도록 금지하는 법이 만들어졌으며 유대인들은 사형까지 시킬 정도로 엄하게 처벌을 했습니다. 특히 중세가 되면 더욱 심하게 통제했는데 13세기 프랑스 루이 9세(Louis IX,

---

※ 십자군 전쟁(crusades)은 11세기 말에서 13세기 말 사이에 서유럽의 그리스도교도들이 성지인 팔레스티나와 예루살렘을 탈환하기 위해 8회에 걸쳐 감행한 대원정으로 당시 전쟁에 참가한 기사들이 가슴과 어깨에 십자가 표시를 해서 십자군이라고 부르게 되었습니다.

6. 벼락부자가 되고 싶은가요?

1214~1270)는 주사위를 만드는 것조차 금지하는 칙령을 공포할 정도로 필사적이었다고 합니다. 현재까지도 거의 모든 나라에서 특정한 장소를 제외하고는 돈내기 도박은 금지되어 있습니다. 무엇 때문일까요?[10]

이는 놀이 자체 때문이 아니라 놀이를 하면서 먹는 음주나 큰 돈내기를 하면서 벌어지는 갖가지 싸움 등이 사람들의 일상과 삶을 크게 파괴했기 때문입니다. 오늘날의 컴퓨터 게임처럼 무엇이든 지나치게 하다보면 그에 따른 부작용이 생기기 마련인가 봅니다.

확률과 통계학의 역사

이처럼 인류의 역사와 함께하고 있는 도박. 이것이 현재 수학의 한 분야인 확률 이론을 발달하게 한 배경이 됩니다. 그런데 수천 년동안 다양한 도박이 있었는데 확률의 개념은 거의 16세기가 되어서야 등장합니다. 왜 이렇게 늦어진 것일까요? 고대는 신의 세계였습니다. 신들이 세상의 모든 일을 결정한다고 믿었죠. 이후에는 그리스도 교회의 영향으로 '임의'라고 하는 개념을 사람들이 어떻게 받아들이고 이해해야 할지 몰랐습니다.

특히 절대적이고 확실한 것들을 대상으로 하는 다른 수학 주제들과 달리 '우연성'을 다루는 확률은 수학처럼 보이지 않았습니다. 쉽게 받아들일 수 없는 모순적인 면이 더 부각되었기 때문에 수학이라는 생각을 미처 하지 못했던 것이죠. 그러다 1550년이 되어서야 초보적인 확률 이론에 관한 최초의 연구가 발표되었습니다. 바로 『주사위 놀이에 대하여』였지요. 도박을 좋아했던 카르다노가 이 책을 내놓으면서 비로소 도박이 수학 분야의 관심을 받게 됩니다.

이후 1654년 파스칼(Blaise Pascal, 1623~1662)과 페르마(Pierre de Fermat, 1601~1665) 사이에 주고받은 서신이 확률론의 기초를 마련합니다. 여기에는 도박사 드 메레(Chevalier de Méré, 1607~1684)가 중요한 역할을 했습니다. 드 메레는 자신의 수학적 지식을 이용하여 도박에서 큰 성공을 거두었지만 해결하기 어려운 두 가지 문제에 직면하게 됩니다. 이 문제를 드 메레는 친구이자 수학자인 파스칼에게 해결해 달라고 의뢰하게 된 것입니다.

드 메레의 부탁으로 주사위와 분배 문제를 연구하던 파스칼은 이 문제를 페르마에게 전하게 되었습니다. 당시에는 전화가 없던 시절이라 두 사람은 서신을 주고받으며 의견을 나누었고 함께 문제를 풀어 나갑니다. 이러한 연구 덕택에 비로소 확률이 수학적 이론으로

첫 번째 문제는 주사위 1개를 4번 던질 때 적어도 한 번 6이 나오는 것에 내기를 걸면 유리한데, 주사위 2개를 24번 던졌을 때 적어도 한 번 (6, 6)이 나오는 것에 내기를 거는 것은 왜 불리한가 하는 문제였습니다.
두 번째 문제는 도중에 중단된 게임을 둘러싼 판돈 문제였습니다. 게임에서 동일한 실력을 지닌 두 사람이 같은 액수의 판돈을 걸고 게임을 하는데 특정한 점수를 얻는 사람이 판돈을 모두 갖기로 했습니다. 그런데 이때 갑자기 게임을 중단하면 판돈을 어떻게 나누어 가져야 하는가? 이것을 묻는 질문이었습니다.

6. 벼락부자가 되고 싶은가요?

확률의 역사			
수학자	생몰연도	국가	내용
카르다노	1501~1576	이탈리아	『주사위 놀이에 대하여』
갈릴레이	1564~1642		『주사위의 도박에 관한 고안』
페르마	1601~1665	프랑스	『주사위에 관한 연구』
파스칼	1623~1662		『고전확률의 단서』
호이겐스	1629~1695	네덜란드	「게임의 확률에 관한 논증」(1656)
야코프 베르누이	1655~1705	스위스	『추측의 예술』/ 큰수의 법칙
요한 베르누이	1667~1748		베르누이의 효용법칙
드무아브르	1667~1754		『우연의 원리, 놀이에서 사건의 확률을 셈하는 방법』(1718)
다니엘 베르누이	1700~1782		상트페테르부르크 역설
오일러	1707~1783		약 30년 동안 상트페테르부르크 대학에서 연구.
라플라스	1749~1827	프랑스	『확률의 해석적 이론』(1812)
푸아송	1781~1840		푸아송 분포
체비쇼프	1821~1894	러시아	「씨수에 관한 논문」(1850)
마르코프	1856~1922		연쇄확률
콜모고로프	1903~1987		『확률 이론의 기초 개념』(1933)

* 이외에도 확률 연구에 기여한 많은 수학자들이 있었습니다.

체계화되는 결정적 계기가 만들어지죠.

두 사람의 연구를 바탕으로 호이겐스(Christiaan Huygens, 1629~ 1695)가 「게임의 확률에 관한 논증」이란 논문을 쓰게 되었고, 이후 확률에 대해 많은 수학자들이 연구를 하기 시작합니다. 요한 베르 누이(Johann Bernoulli,1667~1748)는 『추측술』이라는 확률론만을 다 룬 저서를 썼고, 드무아브르(Abraham de Moivre, 1667~1754)와 오일 러(Leonhard Euler, 1707~1783), 라플라스(Pierre Simon Laplace, 1749~

1827), 푸아송(Simeon Denis Poisson, 1781~1840) 등의 노력으로 확률론이 크게 발전합니다. 그런데 라플라스와 푸아송의 사망 후 확률이론에 대한 관심은 유럽에서 러시아로 옮겨가게 됩니다.

특히 러시아 상트페테르부르크(Saint Petersburg)대학 교수였던 체비쇼프(Pafnuty Chebyshev, 1821~1894)를 중심으로 이 대학에서 가르쳤거나 배운 사람들로 이루어진 상트페테르부르크학파는 이후 확률이론에 큰 영향을 미치게 됩니다. 무엇보다 체비쇼프의 연구는 확률이론의 응용범위를 자연과학과 공학의 다양한 분야로까지 확장시키는 데 공헌을 합니다. 그리고 그의 제자였던 마르코프(Andrei Markov, 1856~1922)는 '연쇄확률' 개념을 도입했으며 이후 콜모고로프(Andrei Kolmogorov, 1903~1987)가 『확률 이론의 기초 개념』을 1933년에 발표하여 확률 이론에 대한 공리 체계가 만들어졌습니다.

지금까지 살펴봤듯이 20세기가 되어서야 확률은 학문으로서 체계가 잡혔지만 현재는 물리학, 경제학, 보험 등등 다양한 분야에 응용되면서 막강한 힘을 발휘하는 분야로 성장하게 되었습니다. 이것은 통계학 덕분이기도 했지요.

확률, 통계학을 만나다

확률과 통계학은 어떤 관련이 있는 것일까요? 그 전에 확률과 통계학은 무엇을 하는 분야일까요? 부분에 대한 정보에서 전체에 대한 정보를 분석해 내는 것이 **통계학**이고, 어떤 사건이 일어날 수 있는 가능성을 수로 나타내는 것이 **확률**인데 현대에는 두 개념이 서로 밀접한 관계 속에서 응용됩니다. 사실 인간이 모여 살기 시작하면서부터는 어떤 식으로든 많은 자료를 정리하는 방법이 있었을 테지요. 그러나 학문으로서의 통계학은 확률보다는 좀 더 늦은 17세기 즈음에 독일, 영국, 프랑스 등지에서 시작되는데 당시에는 도박이나 보험 이외에 사용 범위가 대단히 한정적이었습니다.

독일 통계학은 경제학자였던 헤르만 콘링(Hermann Conring, 1605~1681)에 의해 시작됩니다. 그는 구교와 신교의 종교전쟁이었던 30년 전쟁(1618~1648)으로 황폐해진 독일의 재건을 위해 무엇보다 필요한 것이 국가가 직면한 상황을 정확히 파악하는 것이라고 생각했습니다. 그래서 정치, 경제, 토지, 인구 등 국가의 상황을 다방면으로 조사하고 그것을 바탕으로 '현대에 있어서의 가장 현저한 정치적 사항'이란 제목으로 강의를 하게 됩니다. 이것이 독일 통계학의 시작이었습니다. 이후 다른 국가들도 이런 조사를 통해 자국의 상황을 파악하기 시작하게 됩니다.

한편 영국에서는 수도 런던이 크게 발전하여 세계 각국의 사람과 물자가 몰려들면서 페스트, 콜레라 등의 전염병이 큰 문제가 되었습니다. 그래서 1571년부터 매년 연말에 시에서 '사망표'를 발행했는데 상인이었던 존 그랜트(John Graunt, 1620~1674)가 우연히 이 사망표에 관심을 갖게 됩니다. 그는 한 장의 사망표로는 정보가 부족하다고 판단, 과거 60년 동안의 자료를 모두 모아서 조사를 합니다. 그 결과를 1662년 『사망 통계표에 대한 자연적 · 정치적 관찰』이라는 소책자로 발간하지요. 이것이 대량의 자료에서 광범위한 통계적 추론을 이끌어낸 결과를 쓴 최초의 책입니다.

이렇게 독일과 영국에서 시작된 통계학은 19세기 초가 되어서야 17세기에서 18세기에 걸쳐 프랑스에서 정립된 확률론과 우연히 일어나는 현상을 수학적으로 관찰, 처리하는 방법 등의 개발을 바탕으로 학문으로서의 통계학으로 발전하게 됩니다. 여기에 가장 큰 기여를 한 수학자는 벨기에의 케틀레(Adolphe Quetelet, 1796~1874)로 통계학에 확률론적인 개념을 도입하여 근대통계학의 기틀을 마련합니다.

이후 통계학은 크게 두 가지 분야로 나뉘는데 하나는 기술통계학이고 다른 하나는 추측통계학입니다. **기술통계학**은 피어슨(Karl Pearson, 1857~1936)이 정립한 것으로 자료를 전수조사 즉, 대상이 되는 모든 것을 조사해서 얻은 것을 전제로 해서 조사 집단의 특징을 기술하는 것입니다. 특히 그는 모집단(관찰의 대상이 되는 집단)과 표본(모집단의 부분)의 개념을 도입하기도 했는데 표본의 크기가 클 때

6. 벼락부자가 되고 싶은가요?

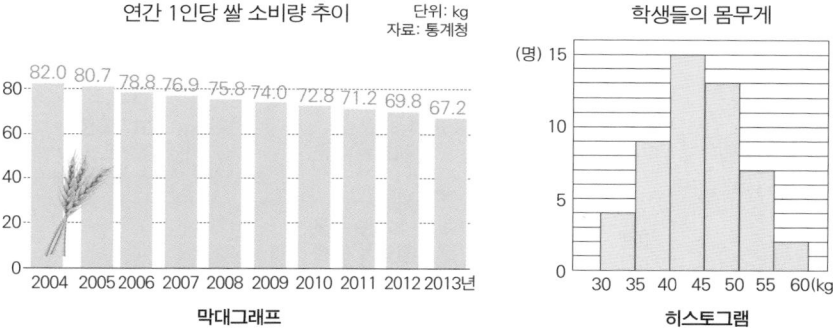

연간 1인당 쌀 소비량 추이
단위: kg
자료: 통계청

82.0 80.7 78.8 76.9 75.8 74.0 72.8 71.2 69.8 67.2

2004 2005 2006 2007 2008 2009 2010 2011 2012 2013년

막대그래프

학생들의 몸무게

(명) 15

30 35 40 45 50 55 60(kg)

히스토그램

막대그래프는 각각의 자료를 조사한 것을 나타낼 때 사용하며 히스토그램은 연속된 자료를 나타낼 때 사용합니다. 즉, 막대그래프는 사과, 배, 포도를 좋아하는 사람을 조사하는 경우처럼 이어져 있지 않은 대상을 조사할 때 사용하며 히스토그램은 위의 그래프처럼 30~35, 35~40 등과 같이 키나 몸무게 등을 조사한 자료를 나타낼 때 사용합니다.

만이, 즉 조사대상이 많으면 많을수록 조사 대상이 되는 집단에 대한 지식으로 유용하다는 대표본 이론을 주장하기도 했습니다.

이런! 용어가 조금 낯설죠? 그렇다면 평균이나 야구에서 '타율'이란 말을 들어보셨나요? 내 성적의 평균은 어떻게 구하나요? 전 과목 성적을 전부 더해서 과목수로 나눈 결과가 평균이죠? 이처럼 자료 전체를 전부 조사하거나 계산해서 얻어지는 결과로 복잡한 정보를 하나의 숫자나 그림으로 나타내는 것입니다. 즉 자료를 막대그래프, 히스토그램, 꺾은 선 그래프 등과 같은 그림으로 나타내거나 주어진 값을 모두 계산해서 얻는 중앙값, 최빈값, 분산, 표준편차 등과 같은 것들이 기술통계학에 속한다고 생각하시면 됩니다. 위의 그림으로 보면 좀 더 확실하게 알 수 있습니다. 이처럼 모든 정보를 정리해서

통계학					
분류	수학자	생몰연도	국적	관련 이론	관련 내용
기술통계학	피어슨	1857~ 1936	영국	대표본 이론	도수 분포표/ 꺾은 선 그래프/ 히스토그램/ 평균/ 분산/ 표준편차 등
추측통계학	고셋	1876~ 1937		소표본 이론 통계적 추론 시작	정규분포/ 표준정규분포/ 신뢰구간 등
	피셔	1890~ 1962		통계적 추론 핵심 개념 정립	

* 이외에도 통계 연구에 기여한 많은 수학자들이 있었습니다.

간단히 그림이나 숫자로 나타내면 훨씬 쉽게 알 수 있겠죠?

표로 보는 막대그래프와 히스토그램은 비슷하게 생겼는데 용어가 다르죠? 의미도 다릅니다. 이외에도 많은 용어들이 나오니 어떻게 다른지 정확하게 정리해서 헷갈리지 않게 사용하시기 바랍니다.

그런데 피어슨의 기술통계학은 생물학 등과 같은 자연과학 분야에서는 유용하지 않았습니다. 예를 들어 농업과 같은 분야를 연구할 때 전국에 있는 또는 전 세계에 있는 자료를 어떻게 전부 다 조사할 수 있겠어요? 그래서 기술통계학으로는 어려웠던 부분을 보완해서 만들게 된 것이 **추측통계학**입니다. 모집단에서 표본을 택하여 그것을 분석해 모집단 전체를 추측하는 방법이지요. 고셋(William Sealy Gosset, 1876~1937)과 피셔(Ronald A. Fisher, 1890~1962)가 20세기에 정립한 분야입니다. 특히 피셔는 통계적 추론의 핵심 개념들을 만드는 데도 크게 기여했으며 통계적 방법을 농학, 생물학, 유전학 등의

6. 벼락부자가 되고 싶은가요?

연구에도 적용할 것을 권장해 통계학의 사용 범위를 크게 확장시켰습니다.

혹시 대통령 선거운동 기간에 후보들의 지지율이 어느 정도인지 뉴스에서 본 적 있나요? 전 국민 모두에게 어느 후보를 지지하냐고 물어 볼 수는 없는 노릇이죠? 그래서 표본으로 몇 명을 무작위로 뽑아서 조사한 결과를 바탕으로 전체 구성원들의 각 후보 지지율을 발표합니다. 단, 신뢰도 95% 또는 99% 선에서 믿을 수 있다, 없다 등으로 이야기하지요. 이것이 바로 추측통계학입니다. 즉, 전체에서 작은 표본을 추출해서 조사하고 분석한 것으로 전체를 예측하는 학문입니다. 정규분포, 표준정규분포, 확률밀도함수, 모비율, 신뢰구간 같은 것들이 추측통계학에서 나온 용어예요.

빅맥지수?
일생 속 확률 · 통계 이야기

잠깐 쉬어 가는 이야기를 해 볼까요? 초기 확률과 통계학은 특히 보험에 많이 이용되었다고 했는데 현재 보험의 기초가 된 영국의 화재보험은 어떻게 만들어지게 된 것일까요? 1666년 런던의 한 빵집 아궁이에 남은 불이 발화되어 4일 동안 시의 3분의 2에 달하는 13,200채의 집과 87개의 교회가 불타 버리는 대화재가 발생합니다.

이 화재로 런던은 거의 폐허가 되었는데도 영국은 이 도시를 재건하기로 결정했습니다. 세계의 물자가 운반되는 템스 강에 연결된 내륙 도시라는 점, 지형적으로 외부 공격을 받기 어려운 곳이라는 점 등이 재건의 이유였습니다.

재건을 위해 세 가지 원칙을 정했는데 목조가옥을 석조가옥으로 건설하기, 불이 번지지 않도록 집과 집 사이에 넓은 도로를 확보하기, 그리고 화재보험 제도를 확립하는 것이었습니다. 이미 14세기 중엽 해상운송의 비약적인 발전과 함께 해적, 폭풍우 등의 잦은 발생으로 최초의 해상보험회사가 이탈리아와 네덜란드에 설립되어 보험제도가 시작되었지만 이때의 보험료 산출은 정밀하지 못했습니다. 하지만 영국은 확률과 통계 이론을 바탕으로 보다 정확한 보험금을 산출해서 화재보험제도의 기초를 구축하게 됩니다.

이후 핼리혜성으로 유명한 천문학자 핼리(Edmund Hally, 1656~1742)가 1693년에 생명표를 작성, 이를 바탕으로 생명보험도 만들어지게 됩니다. 현대의 보험제도는 바로 이 두 제도를 시작으로 다양하게 세분화되어 만들어지게 된 것입니다. 물론 그 배경에는 확률과 통계학의 발전이 함께 하고 있겠죠?

사실 삶이란 선택의 연속 아닌가요? 대학에 간다면, 어떤 과를 가야 할까? 아니면 당장 짜장면과 짬뽕 중 무엇을 먹을까? 고민합니다. 물론 이런 사소한 일에까지 확률이나 통계를 사용하고 있지는 않습니다. 그러나 미래 사회가 어떻게 변화하게 될지 예측하고 그에 따라 어떤 선택을 해야 할 것인지 판단하고 준비하는 데 확률과 통계는 굉장히 중요한 역할을 합니다. 예를 들어 앞에서 살펴본 현재 연간 1인당 쌀 소비량의 막대그래프를 보면 앞으로도 쌀 소비는 계속 줄어들 것이 분명해 보입니다. 그러니 이를 보고 다양한 시각에서 분석하고 판단해서 미래의 농촌이나 국가를 위해 어떤 선택을 할 것인지 결정해야 하는 것이죠.

가끔 '한국은 봉인가?' 이런 뉴스를 들어본 적이 있을 겁니다. 같은 브랜드의 제품이 우리나라에서만 유독 비싸게 팔리는 경우가 있다며, 다국적기업의 횡포를 문제 삼는 목소리가 있습니다. 만약 미국에서는 5달러, 우리나라에서는 7,000원에 팔린다면 통화량 기준이 다른데 어떻게 비교할 수 있을까요? 혹시 '빅맥지수'라는 것을 아시나요? 전 세계 어디서나 재료 구성이나 조리법, 크기가 표준화되어 있는 '빅맥' 햄버거 가격을 미국의 달러화로 환산하여 각국의 상대적 물가수준과 통화가치를 비교해서 만든 지수입니다. 이를 통해 어느 나라에서 빅맥이 더 비싸게 팔리고 있는지를 알 수 있는 것이죠. 이런 지수를 만드는 일에도 확률과 통계학이 사용되고 있습니다. 어머나! '신라면지수'라는 것도 있네요? 다음 표(176쪽)를 보면 2011년 호주에서는 홍콩보다 세 배나 비싸게 신라면을 사먹었네요.

이처럼 확률·통계학은 처음에는 이용 범위가 굉장히 한정적이었지만 현재는 자연과학, 경제학, 경영학, 심리학 등과 같은 학문 연

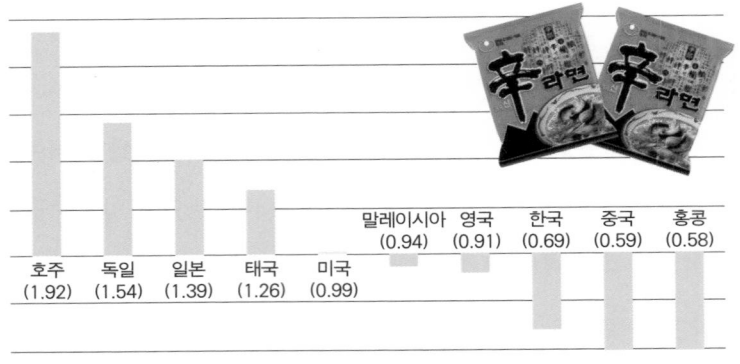

세계의 신라면 판매 가격과 통화가치 비교

| 호주 (1.92) | 독일 (1.54) | 일본 (1.39) | 태국 (1.26) | 미국 (0.99) | 말레이시아 (0.94) | 영국 (0.91) | 한국 (0.69) | 중국 (0.59) | 홍콩 (0.58) |

· 2011년 12월 31일 환율 적용
· 괄호 안은 각 국에서 판매되는 신라면 가격(달러)

단위: 달러

구뿐만 아니라 품질관리, 여론조사, 시장조사 등 각종 조사에 널리 사용되고 있으며 정치, 경제, 사회, 서비스 등 거의 모든 분야에 다양한 방법으로 활용되고 있지요. 덕분에 21세기에 가장 중요한 수학 분야 중 하나이기도 합니다. 이렇게 활용도가 큰 확률 · 통계, 이제 교과서 속에서 다시 살펴볼 시간입니다.

교과서에서 확률과 통계를 언제, 어떻게 배울까?

확률과 통계학은 다른 분야에 비해 뒤늦게 출현했습니다. 역사가 짧지요. 그러나 그 기초적인 내용은 초등학교 때부터 배웁니다. 배

6. 벼락부자가 되고 싶은가요?

우는 순서는 역사적 흐름과는 차이가 있답니다. 수학사에서는 확률부터 시작해서 통계학이 성립되어 가지만, 초등학교에 입학하면 통계학의 기초 개념부터 배우고 중학교에 들어가서 확률을 배우게 됩니다. 이것이 가능한 이유는 기술통계학에 해당하는 내용은 확률을 몰라도 이해할 수 있는 부분이 많기 때문입니다. 자료 정리하는 법이나 평균 구하는 방법 등은 쉽고 간단하며 일상생활에서도 자주 사용하지요.

초등학교에 입학하면 자료를 정리하는 방법으로 무엇을 배울까요? 표 만들기와 막대그래프, 꺾은 선 그래프 등과 같이 그림으로 나타내서 시각적으로 보여주는 방법을 익힙니다. 이후 중학교에 들어가면 초등학교 때 배웠던 통계의 내용을 더 심화해서 평균, 중앙값, 최빈값, 도수분포, 상대도수 등과 같이 계산 값으로 표현되는 통계에 대해 기본적인 내용들을 배우게 됩니다. 즉, 시각적으로 보여주었던 통계를 간단히 숫자로 나타낼 수 있게 되는 것이죠. 이렇게 중학교 때까지의 통계학은 기술통계학에 대한 내용들이 대부분입니다. 더불어 확률에 대해서도 기초적인 것들을 배우게 됩니다.

고등학교 때는 중학교에서 배웠던 기초적인 확률을 세분해서 각각의 정의와 함께 기호로 쓰고, 계산하는 방법을 간단하게 배우고 지나갑니다. 이후 (2018년 기준) 고등학교 2·3학년들은 '확률과 통계'라는 한 과목으로 만들어져 기술통계학의 내용을 본격적으로 다룹니다. 앞서 공부했던 것들을 바탕으로 정규분포, 표준정규분포, 신

중학교 1학년 1학기	중학교 3학년 2학기	고등학교 2 · 3학년 (확률과 통계)
V. 통계 1. 자료의 정리와 해석	**I. 통계** 1.대푯값과 산포도	**I. 순열과 조합** 1. 순열 2. 조합 3. 이항정리와 분할
중학교 2학년 2학기	고등학교 1학년 2학기 (2015년 개정교과과정)	
I. 확률 1. 경우의 수 2. 확률	**III. 경우의 수** 1. 순열 2. 조합	**II. 확률** 4. 확률의 뜻과 활용 5. 조건부확률 **III. 통계** 6. 확률분포 7. 정규분포 8. 통계적 추정

뢰구간, 검증 등과 같은 추측통계학의 내용을 심화해서 배우도록 구성되어 있습니다.

확률과 통계는 학생들에게 "어렵다"는 이야기를 자주 듣는 영역인데요, 확률이 늦게 발달한 이유와도 통하지요. 우연한 것에 기초하고 있기 때문에 문제의 뜻을 잘 파악하고 개념을 적용해도 약간씩 변하는 조건을 반영하지 못하면 답이 틀리는 경우가 많습니다. 그래서 아무리 많이 공부해도 쉽지 않은 단원이기는 합니다.

반면 교과서에 나오는 통계 문제는 대체로 만들어진 식을 적용하는 방법을 다루고 있습니다. 그러니 개념만 정확히 정리하면 확률보다 훨씬 쉽게 공부할 수 있죠. 하지만 확률까지 써서 통계 문제를 풀어야 할 때가 종종 있습니다. 마냥 쉽지만은 않겠지만, 고등학교 범위까지는 변형에 한계가 있으니 크게 염려하지 마세요. 팁을 주자면, 이 단원은 유형별로 정리를 잘하고, 연습과 복습을 반복하는 것이 도움이 된다는 겁니다.

확률과 통계학은 앞에서도 살펴봤듯이 알게 모르게 우리 생활 속에 스며들어 있지만 모르고 살아가기 일쑤입니다. 지금 여러분을 유혹하는 상품 중에는 나이별 구매 능력, 날씨의 변화, 기호품 등과 같이 다각적으로 조사한 자료를 분석하고 평가해 만들어진 것들이 많습니다. 다만 우리가 눈치 채지 못하고 있을 뿐이죠. 이런 이유로 확률·통계는 자본주의 사회가 가장 중요하게 여기는 '돈'과 밀접한 관련이 있는 분야입니다. 세상의 부와 권력을 쥔 많은 사람들은 자료의 분석을 통해 미래를 예측하는 능력을 가지게 된 사람들입니다.

'수학을 배워서 어디다 써먹나요?' 우리가 수학을 공부하며 품는 이 질문에 확률과 통계가 선명한 대답을 내놓을지도 모르겠습니다. 지금은 정보가 넘쳐나는 시대이지요. 많은 자료를 다각적인 시선으로 정확하게 분석해서 이용할 줄 아는 능력은 어쩌면 21세기를 살아가는 사람들이 지녀야 할 삶의 기술이 아닐까요?

미술사에서 도박을 소재로 한 작품을 좀 더 살펴볼까요? 첫 번째는 그리스 도기화에 그려진 〈주사위 놀이를 하는 아킬레우스와 아이아스〉입니다. 10년에 걸친 긴 트로이 전쟁 중에 그리스 장군이었던 아킬레우스와 아이아스는 이렇게 주사위 놀이를 하며 잠깐씩 쉬었나 봅니다. 다음 두 번째 그림은 네덜란드 풍속화가인 브라우어(Adriaen Brouwer, 1605~1638)가 1630년대 그린 〈카드놀이 중에 벌어진 농부들의 싸움질〉입니다. 도박을 하다 싸우는 사람들의 모습을 화면에 잡아두었네요.

초기에는 상류층의 놀이였다가 점차 일반인들까지 즐기게 되었다는 것을 시기별 작품 속 등장인물의 모습을 통해서도 알 수 있습

왼쪽 ➡ 작자 미상, 〈주사위 놀이를 하는 아킬레우스와 아이아스〉, B.C. 6세기경
오른쪽 ➡ 아드리안 브라우어, 〈카드놀이 중에 벌어진 농부들의 싸움질〉, 1630년경

6. 벼락부자가 되고 싶은가요?

왼쪽 ▶ 피터르 더 호흐, 〈카드놀이 하는 사람들〉, 17세기경
오른쪽 ▶ 폴 세잔, 〈카드놀이 하는 사람들〉, 1895년

니다. 세잔의 작품을 보면 아마 19세기 즈음에는 동네 술집에서 간단하게 술 한 잔 하면서 카드놀이를 하는 게 흔한 풍경이었던 모양입니다.

우리나라 역시 도박의 역사가 길지요. 삼국시대에는 쌍륙(雙六), 고려시대에는 골패, 조선시대에는 투전과 화투가 유행했습니다. 쌍륙과 골패는 남녀가 모두 함께 했으며 투전은 남자들이 주로 하는 노름이었습니다. 그런데 조선 영조 때에는 투전에 손을 대지 않는 사람이 없을 정도로 성행하면서 사건 사고가 잦아 대대적인 단속을 벌이기까지 했다고 합니다. 무엇 때문이었을까요? 당시 급속하게 성장한 경제발전과 함께 화폐의 유통이 가장 큰 원인이었다고 합니다. 이런 시대상을 반영한 것인지 옛 그림에서도 심심치 않게 도박과 관련된 그림을 찾아볼 수 있네요.

그러다 약 19세기 즈음 일본에서 들어온 화투는 이전의 투전이

왼쪽 ➡ 김득신, 〈투전〉, 1754년
오른쪽 ➡ 신윤복, 〈쌍륙에 빠지다〉, 18세기경(조선후기)

나 다른 도박들을 거의 다 사라지게 하고 현재 우리나라의 대표적인 도박이 되었지요. 해방 이후 카드놀이가 미군에 의해 유입되었지만 화투만큼 대중화되지는 못했습니다. 화투로 큰 돈내기를 하면 범죄가 되는 세상이지만, 요새는 치매 예방 차원으로 어르신에게 권장되기도 합니다. 가벼운 놀이로 이용하면 친목도모에도 이만한 것이 없지요.

어린 시절 제게 화투는 숫자 연습을 하는 도구였습니다. 아버지가 가르쳐준 놀이가 있었어요. 화투에는 1년 열두 달을 상징하는 화초 그림이 그려져 있는데요, 같은 종류의 그림 4장씩은 모두 같은 숫자입니다. 그래서 이것을 이용하면 연산 연습을 할 수가 있습니다. 그때 했던 방법은 11과 12에 해당하는 것은 빼고 1부터 10까지의 40장의 화투를 가지고 3장씩을 더해서 끝자리가 특정한 수로 끝나는 것들끼리 계속 정리해 가는 방법이었습니다.

우리나라 화투

공부가 아니라 놀이였기 때문인지 끝자리 숫자를 바꿔가면서 재미있게 했던 기억이 납니다. 게다가 가끔 아버지랑 누가 먼저 끝내는지 시합을 해서 잘하면 100원씩 받기도 했으니 얼마나 열심히 했겠습니까? 어쩌면 저의 연산 실력은 그때 다 길러지지 않았나 생각될 정도로 좋은 추억으로 남아 있습니다.

천재도 즐기는 사람을 이기지 못한다고 했는데 이렇게 공부를 놀이처럼 할 수 있다면 얼마나 좋을까요? 그러나 공부가 놀이가 되는 건 쉽지 않은 일이죠. 당연해요. 그런데 의외로 공부를 어떻게 해야 할지 몰라서 못하겠다는 학생들도 있더라고요. 그런 분들을 위해 기술통계학으로 자신에게 맞는 공부 방법을 한번 찾아볼까요?

먼저 공부하는 방법에 관한 자료를 구해 보십시오. 공부를 열심히 하는 친구에게 물어봐도 좋고, 인터넷이나 책에서 다른 사람들의 공부법을 찾아도 됩니다. 자료 조사를 하면 꽤 많은 방법을 모을 수 있을 거예요. 이제 모은 자료들을 가장 많이 사용하고 있는 방법, 특이한데 한번 해 보고 싶은 방법 등으로 분류해서 정리해 보세요. 이것이 기술통계학입니다.

이제 정리한 자료를 보고 몇 가지 방법을 시도해 보는 겁니다. 다른 사람에게 좋은 방법이라고 해서 자신에게 다 맞는 것은 아닙니다. 하지만 여러 방법을 시도하다 보면 자신에게 좋은 방법을 발견할 수도 있고, 이것저것을 더하고 빼면서 자신만의 방법을 새롭게 만들 수도 있을 겁니다. 스트레스가 무거워지기 전에 여러분만의 방법을 하나 정도 꼭 개발해 보세요!

7

'순간'에 마음을 빼앗긴 사람들
: 미적분의 역사

클로드 모네,
〈인상, 해돋이〉,
1873년

〈인상, 해돋이〉라는 작품으로 모네(Claude Monet, 1840~1926)는 회화의 두 번째 '혁명'의 문을 열었습니다. 17세기에서 18세기에 걸쳐 급격하게 발전한 과학의 세계는 기존의 모든 것들을 뒤흔들었습니다. 그러한 변화 한가운데 예술, 특히 그림은 사라질 위기에 직면합니다. 이전까지 그림은 정확하게 그리는 것이 잘 그리는 것의 최우선 기준이었습니다. 그런데 사진기가 발명되면서 그림보다 훨씬 더 정확한 이미지를 쉽게 얻을 수 있게 되었지요. 프랑스 낭만주의 화가 들라로슈(Paul Delaroche, 1797~1856)는 "이 순간부터 회화의 역사는 막을 내릴 것이다!"라고 외칠 정도였다고 합니다.

　사진기의 발명이 화가들에게 얼마나 충격이었을지 상상이 가나요? 하루아침에 일자리가 없어져 버렸으니 말입니다. 약 200년 전이나 지금이나 별반 다르지 않습니다. 현대에도 끊임없이 새로운 것들이 쏟아져 나오면서 언제 내 일이, 직장이 사라질지 모르니까요. 당시 많은 화가들도 자신의 직업을 포기하고 다른 일을 찾아 나섰을 듯한데요, 만약 여러분이 이런 상황이라면 어떤 선택을 하겠습니까?

생각해 보셨나요? 그래도 계속 화가를 하겠다고요? 그렇습니다. 당시에도 여전히 화가의 길을 가겠다고 선택한 이들이 있었습니다. 바로 인상주의 화가들이었습니다. 이들에게는 이런 상황이 비로소 주문자의 요구에서 벗어나 자신이 그리고 싶은 것이 무엇인지 생각해 볼 수 있는 기회가 되었습니다. 이들은 위기를 기회로 만들어 가기로 결심을 한 것입니다. 당시 급속도로 발전하고 있던 광학이나 색채이론 등과 같은 과학에도 관심을 기울이면서 말이죠. 한편 1841년에 발명된 튜브 물감은 화가들의 작업 공간을 화실에서 야외로 넓혀줍니다. 양철 튜브 안에 담은 유화 물감을 들고 화가들은 자유롭게 밖에서 작업을 할 수 있게 된 거죠. 이런 변화를 통해 인상주의 화가들은 이제까지 아카데믹한 회화에서 엄격하게 지켜왔던 명암법이나 색채 사용 등에서 서서히 벗어나 새로운 그림을 그리기 시작합니다.

대표적인 화가들로 르누아르(Auguste Renoir, 1841~1919), 바지유(Jean Frédéric Bazille, 1841~1870), 시슬리(Alfred Sisley, 1839~1899) 등이 있었습니다. 모네도 그중 한 명이었지요. 이들은 야외에서 작업하는 것을 무엇보다 좋아했습니다. 특히 모네는 "이곳을 나가자, 여기는 유해한 곳이다."라고 외치며 다른 작가들까지 부추길 정도로 답답한 화실에서 벗어나 작업하는 것에 누구보다 적극적이었습니다.

하지만 아직 아카데미 화풍에서 완전히 벗어나지 못했던 프랑스 관전은 이들의 작품을 거부했습니다. 결국 이런 예술계에 반기를 든

7. '순간'에 마음을 빼앗긴 사람들

미술가들은 1874년 〈화가, 조각가와 판화가 무명미술가협회〉라는 그룹전을 열어 자신들의 존재를 알리게 됩니다. 이 첫 전시회에 모네가 출품한 작품이 바로 〈인상, 해돋이〉입니다.

파리 근교의 르아브르 부둣가에서 해가 뜨는 모습을 그린 이 작품은 발표 당시 엄청난 혹평을 받았습니다. 이전 시대의 작품들과는 너무 달랐던 것이죠. 붓질이 단순하고 거친 데다 대상도 정확하게 묘사하지 않아서 사람들 눈에는 거의 미완성작으로 보일 정도였습니다. 작품을 본 관람객들은 제목을 보면서 "인상이라고?"라며 빈정거렸지요. 이를 본 평론가 루이 르루아(Louis Leroy, 1812~1885)가 《르 샤리바리Le Charivari》에 사람들의 비아냥을 인용하면서 '인상주의'라는 단어를 처음으로 사용합니다. 발표 당시에는 야유와 비난이 쏟아졌지만 현재 이 작품은 인상주의를 대표하는 작품이 되었네요. 또한 인상주의는 20세기 이래로 대중의 가장 많은 사랑을 받는 미술 사조 중 하나입니다.

이 전시 이후 모네는 일순간에 직접적으로 와 닿은 자연의 인상, 즉 빛은 곧 색채라고 생각해서 태양의 위치에 따라 색채가 어떻게 변화하는지 그 순간을 담아내기 위해 평생을 걸게 됩니다. 그런데 일생 동안 그렸다는 모네의 '순간'을 수학에서는 어떻게 다루게 되었을까요?

수학자들, 움직이는 것에 눈을 뜨다

놀라운 것은 '순간'을 그린 화가들이 있었다면 '순간'을 계산한 수학자들도 있었다는 것입니다. 그럼 누가 먼저일까요? 수학자들이었습니다. 17세기에 들어서면서 비로소 수학자들은 움직이는 것, 변화하는 것, 그리고 무한의 개념에 관심을 갖기 시작합니다. 이전까지는 정지된 것, 고정된 것, 그리고 유한한 것들에 관해서만 연구를 하고 있었죠. 사실 그리스인들도 하나의 크기를 무한히 여러 개로 분할할 수 있다거나 하나의 크기는 아주 작은 불가분의 원자로 구성할 수 있다는 등의 가정을 세우기도 합니다. 이를 보면 고대부터도 무한의 개념에 관심이 있기는 했습니다. 하지만 곧 이런 생각들은 커다란 벽에 부딪히게 됩니다.

혹시 3장 방정식 편에서 만났던 제논(Zenon, B.C. 490?~B.C. 429?)의 역설이 기억나나요? 그중에서 '아킬레우스와 거북의 역설'은 아킬레우스와 거북이가 경주를 할 때 거북이가 앞서 출발을 했다면 아무리 빨리 달리는 아킬레우스라도 절대 이길 수 없다는 것이었고, '화살의 역설'은 나는 화살은 각 순간을 떼어내서 보면 정지하고 있는 것이다 등과 같은 주장들이었죠.

이런 제논의 역설은 사실 그의 스승, 파르메니데스(Parmenides, B.C. 515?~B.C. 445?)의 이론을 증명하기 위한 것이었습니다. 파르메니데스는 엘레아학파(Eleatic School)의 철학체계를 만드는 데 가장 큰 영향을 끼친 사상가로 진정으로 존재하는 것은 만들어지지도 사라지지도 변화하지도 않는 것이라고 주장합니다. 그래서 공간은 아무것도 없는 비존재이니 존재는 공간을 꽉 채운 것이므로 물체 사이에 비어 있는 공간이 없게 됩니다. 물체 사이에 공간이 없으니 당연히 움직임도 있을 수 없기에, 파르메니데스는 운동의 개념을 인정하지 않았습니다. 뭔가 좀 이상하게 들리지 않나요? 그래서 당시에 이런 주장이 틀렸다고 생각하는 많은 철학자들과 격렬하게 부딪혔습니다. 그런데 제논의 주장이 이런 논란을 잠재우는 데 중요한 역할을 한 것이죠. 또한 근대에 들어서기까지 '무한'이나 '운동'의 관한 연구가 거의 이루어지지 못한 것에도 큰 영향을 미치게 됩니다.

그러다 16세기에 들어서면서 과학 분야는 공중에 날아가는 포탄의 곡선 궤도, 중력에 따른 물체의 가속도 등과 같은 운동의 문제에 관심을 기울입니다. 수학자들 또한 이런 영향을 받아 자연스럽게 움직이는 것들에 관심을 갖게 되면서 수학사에서 가장 위대한 발견, '미적분'의 역사가 새롭게 시작됩니다. 그럼 좀 더 자세히 미적분의 역사를 살펴보기로 할까요?

미적분의 탄생 과정

적분과 미분의 개념은 원래 따로 만들어져 각각 발전하고 있었습니다. 그러다 17세기에 적분과 미분이 서로 역연산, 다시 말해 어떤 식을 미분한 후, 미분한 식을 다시 적분을 하면 원래의 식이 나오는 관계라는 것이 발견되면서 마침내 하나로 합쳐져 '미적분'으로 불리게 됩니다. '미적분'이라는 용어 때문에 마치 미분이 먼저, 적분이 나중에 발견된 것 같지만 실제로는 적분(integration)이 고대 그리스 시대에 구적법이라는 용어로 먼저 역사에 등장했습니다.

적분은 사전적 의미로 잘게 나누어진 부분을 쌓는다는 의미입니다. 처음으로 이 방법을 쓴 사람은 안티폰(Antiphon, B.C. 430?)이었습니다. 안티폰은 원의 면적을 구하는 방법을 고민하다가 원에 내접하는 정다각형의 변의 수를 늘리면 원과 내접정다각형, 두 면적의 차가 한없이 작아지면서 사라지게 된다는 것을 발견했습니다. 이 풀이를 착출법(method of exhaustion)이라고도 하는데 바로 구적법이죠.

즉, 현재 사용하고 있는 구적법으로 설명하자면 다음 그림과 같이 곡선으로 이루어진 도형의 넓이를 구하기 위해서는 어떤 공식이나 다른 방법이 없습니다. 그래서 직사각형을 만들어 가는데 밑변의 길이를 계속 줄여 가다 보면 거의 곡면에 가까운 작은 직사각형들이 만들어지게 됩니다. 이 작은 직사각형의 넓이를 다 더하면 바로 곡면으로 이루어진 부분의 넓이를 구할 수 있게 되는 것이죠. 그런데

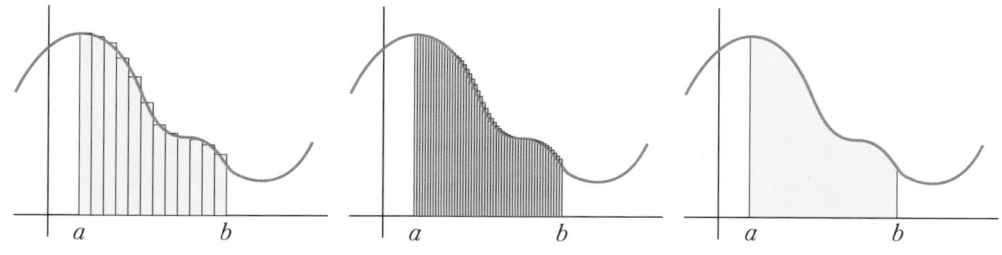

밑변의 선분을 점점 더 작게 세분해서 직사각형의 넓이를 더하면 곡선의 넓이와 같아집니다.

곡면에 가까워지려면 무한히 많은 직사각형을 그려야 되겠죠? 그래서 현재는 여기에 극한의 개념을 사용해서 훨씬 더 간편한 공식으로 만들어진 적분법을 사용하게 됩니다.

이 구적법을 원주율 계산, 역학, 광학 등에 탁월한 학자였던 그리스 수학자 아르키메데스(Archimedes, B.C. 287?~B.C. 212)가 응용해서 폐곡선의 넓이, 입체의 부피 등을 구하는 데 기여합니다. 이후 오랫동안 구적법은 크게 다루어지지 않고 있다가 15세기 무렵 아르키메데스의 이론이 유럽으로 전파되면서 여러 수학자들에게 영감을 줍니다. 16세기 스테빈(Simon Stevin, 1548~1620)은 아르키메데스의 역학을 바탕으로 '힘의 평행사변형의 법칙'을 발견했으며 17세기 케플러(Johannes Kepler, 1571~1630)는『포도주 통의 꼴과 용적 측정』(1615)이라는 책에 93가지 회전체의 부피 계산과 최소의 재료로 최대 용량의 포도주 통을 만드는 문제에 구적법을 이용했습니다. 이외에도 갈릴레이(Galileo Galilei, 1564~1642)와 그의 제자들인 로베르발(Gilles. P. de Roberval, 1602~1675), 토리첼리(Evangelista Torricelli,

1608~1947) 등이 아르키메데스 이론에 영향을 받아 자신들의 과학, 수학 연구를 해 나가지만 큰 진전을 이루지 못하고 있었습니다.

그러다 갈릴레이의 제자였던 카발리에리(Bonaventura Francesco Cavalieri, 1598~1647)가 본격적으로 적분법을 다룬 최초의 책『불가분량의 기하학*Geometria indivisibilibus continuorum nova quadam ratione promota*』을 1635년에 출판하게 되지만 아직 완전하게 정리되지는 못합니다. 이후 데카르트, 페르마 등 수학자들의 연구가 더해졌고, 특히 파스칼(Blaise Pascal, 1623~1662)은 기하학 이론으로 좀 더 정확한 적분의 개념을 정립합니다. 이후 극한의 개념이 정리되면서 지금과 같은 적분 계산을 할 수 있게 됩니다.

뉴턴과 라이프니츠, 거인의 어깨 위에서 미적분을 발견하다

그렇다면 미분법은 어떻게 시작되었을까요? **미분**이라는 단어의 어원은 수를 아주 작게 '등분'한다는 의미로 뉴턴(Issac Newton, 1642~1727)이 '구별, 분화' 등을 뜻하는 단어 'differentiation'을 쓰면서 시작됩니다. 미분법 또한 그리스 시대에 이미 원뿔 곡선의 접선이 연구된 것을 보면 그 시작점은 고대부터라고 할 수도 있어요. 하지만

7. '순간'에 마음을 빼앗긴 사람들

적분법과는 달리 앞서 설명한 것처럼 더 이상의 이론은 발전되지 못한 채 있었습니다. 오랫동안 정지된 세상에만 관심을 갖고 연구한 유클리드 기하학이 약 16세기까지 수학을 독점하고 있었던 탓도 큰 것 같습니다.

이후 16세기에 들어 비에트가 문자를 도입해서 수학을 기호화, 일반화할 수 있게 되고 특히 17세기에는 도형을 방정식으로 나타내는 해석기하학까지 크게 발전하게 됨으로써 드디어 수학자들도 움직이는 세계에 대해 관심을 갖기 시작합니다. 움직이는 세계에 대한 관심이 접선에 관한 연구로 이어지는데 미분법에 대한 최초의 발상을 한 사람은 페르마(Pierre de Fermat, 1601~1665)였습니다. 다만 그는 함수의 최대, 최소값을 구하는 과정에서 오늘날 사용하는 미분법을 쓰긴 했지만 특수한 경우에만 국한된 것이었습니다.

그 뒤를 이어 뉴턴의 스승으로 잘 알려진 영국의 수학자 배로(Issac Barrow, 1630~1677)가 미분법과 적분법이 서로 역연산이라는 내용을 처음으로 발견해서 『기하학 강의』(1670)에 소개하고 증명합니다. 하지만 당시의 미적분은 특별한 문제를 풀기 위한 것에 불과했습니다. 이를 체계적으로 연구하고 서로 독립적으로 발전해온 미분과 적분 두 분야의 관계를 정립하고 더불어 일반적인 계산법과 기호법을 도입한 이들은 영국의 수학자 뉴턴(Isaac Newton, 1642~1727)과 독일의 수학자 라이프니츠(Gottfried Wilhelm Leibniz, 1646~1716)였습니다.

뉴턴은 움직임을 연구한 선배 과학자들의 흔적을 쫓았습니다. 앞서 케플러는 행성이 타원으로 돈다는 사실을 발견했죠. 갈릴레이는 1683년 물체의 낙하 속도는 일정한 비율로 계속하여 증가한다는 것을 증명하는 등 연속적인 운동에 관한 수학적 고찰이 발전해가고 있었습니다. 그리고 무한대 기호(∞)를 처음 사용한 것으로 유명한 월리스(John Wallis, 1616~1703)가 기호와 대수를 이용한 무한대의 계산법이 담긴 『무한산술』이라는 책을 1656년에 출판하죠. 이 책도 뉴턴이 미적분을 연구할 때 크게 도움을 주었다고 합니다.

이런 여러 연구에 영향을 받아 마침내 뉴턴은 속도에 대한 변화율을 생각해 냈는데 이것이 바로 '유율(Fluxion)법', 즉 미분법입니다. 뉴턴은 자신의 발견에 대해 "나는 거인들의 어깨 위에 서 있다."라는 유명한 말을 남겼습니다. 이런 발견을 하기 위해 앞선 많은 수학자, 과학자들의 도움을 받았음을 고백했던 것입니다.

그럼, 뉴턴이 "거인들의 어깨 위에서" 발견한 유율법을 알아볼까요? '유량'이란 시간의 함수, 즉 운동에서처럼 시간과 함께 변하는 양이고, '유율'은 유량의 속도를 의미합니다. 유량에서 유율을 얻는 것이 미분, 유율에서 유량을 계산하는 것이 적분에 해당합니다. 이를 써서 극값과 접선의 문제와 구적법, 즉 다양한 도형의 넓이나 부피를 간단히 구할 수 있게 된 것입니다. 특히 그는 1687년 프린키피아(Principia)로 알려져 있는 『자연철학의 수학적 원리』를 발표하는데 여기에서 유율(도함수)을 이용해서 움직이는 자연의 법칙을 수학으로 계산할 수 있다는 것을 보여주었습니다.

7. '순간'에 마음을 빼앗긴 사람들

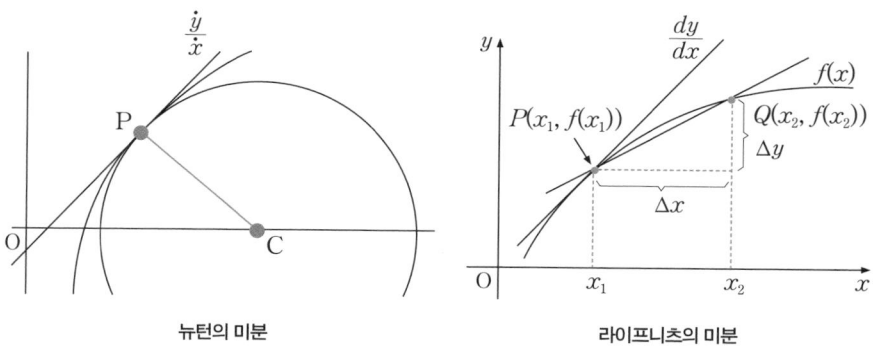

　　그런데 아직 뉴턴이 논문이나 글로 미분을 발표하기 전 라이프니츠가 1684년 「무리수에 대해서도 적용할 수 있는 극대, 극소와 접선에 대한 새로운 방법 그리고 여기에 대한 놀라운 계산법」이라는 미적분에 관한 논문을 최초로 발표합니다. 이로써 유럽에서는 누가 먼저 미분을 발견했느냐를 두고 기나긴 싸움이 시작됩니다.

　　하지만 두 사람이 미분법을 발견한 방법은 완전히 달랐습니다. 뉴턴은 타원으로 도는 행성이 항상 같은 속도로 움직이지 않는다는 점을 알게 됩니다. 이로부터 어느 한 지점에서의 순간의 속도를 구하다가 속도의 변화율(유율), 즉 미분법을 발견하게 되었지요. 반면 라이프니츠는 삼각형의 무한급수의 합을 연구하다가 곡선의 접선을 구하는 것이 결국은 축과 축 값의 차의 비율을 구하는 것이라는 사실을 통해 미분법을 발견하게 됩니다.

　　즉, 위의 그림을 보면 뉴턴은 점의 운동을 이용해서, 라이프니츠는 삼각형이라는 도형을 이용해서 접선의 기울기를 각각 구한 것입니다. 넓이를 계산하는 적분 또한 뉴턴은 선의 운동을, 라이프니츠는 작은 직사각형을 이용해서 구했습니다. 두 사람은 각각 사용하는 기호도 달랐죠.

이처럼 각기 다른 방법으로 미분 개념에 도달했는데도 불구하고 이를 둘러싼 뉴턴과 라이프니츠의 우선권 논쟁은 치열했습니다. 결국 이 대립은 영국과 유럽대륙의 싸움으로 번졌고 뉴턴이 소속된 영국학술협회에서 라이프니츠가 뉴턴의 아이디어를 표절한 것으로 판결해 버리죠. 이후 거의 200년이 넘도록 영국 수학계는 라이프니츠의 방법을 받아들이지 않았습니다. 그러다 1820년 이후가 되어서야 사용하기 시작하게 됩니다.

오늘날에는 두 사람이 각기 독립적으로 연구했고, 미적분학의 발견은 뉴턴이 앞섰지만 발표는 라이프니츠가 먼저이며, 표기법은 라이프니츠가 우위인 것으로 인정하고 있습니다. 또한 뉴턴은 물리학의 연구 방법으로, 그리고 라이프니츠는 현재 사용하고 있는 미적분의 기호를 체계화한 것에 큰 기여를 합니다.

특히 라이프니츠는 기호법의 천재였습니다. 차이를 나타내는 의미의 differentiation(미분)의 약자를 사용해서 dx, dy 등의 기호로 미분을 표시했고, 카발리에리의 불가분량이 합을 나타내는 라틴어 summa(합)의 첫 문자를 딴 s를 길게 늘인 문자 $\int$로 적분을 표시했으며 이들 사이의 사칙연산 규칙을 확립하기도 했습니다. 현재 고등학교 교과서에서 배우고 있는 미적분이 라이프니츠의 방법이기도 합니다.

7. '순간'에 마음을 빼앗긴 사람들

극한 개념을 이해해야 미적분이 보인다

하지만 라이프니츠의 "무한소(calculus)"라는 것도, 뉴턴이 제시한 개념인 끝없이 작아진다는 의미도 정확하게 규명하지 못했기 때문에 이 두 사람의 미적분학은 아직 불완전한 것이었습니다. 그 뒤로 호이겐스, 야코프 베르누이, 요한 베르누이, 오일러, 라플라스 등 많은 수학자들의 손을 거쳐 마침내 19세기 후반 프랑스의 수학자 코시(Augustin Louis Cauchy, 1789~1857)에 의해 무한소가 극한의 개념으로 대체되면서 지금의 도함수의 정의를 완성하게 됩니다. 이후로 미적분은 지속적으로 발전을 거듭하고 있는 중입니다.

말로만 들으니 좀 어렵지 않았나요? 그럼 학교에서 배우는 라이프니츠의 방법으로 미분을 좀 더 설명하겠습니다. 오른쪽 그림을 보면 임의의 함수 $f(x)$에서 두 점 PQ 의 기울기$=\dfrac{y의\ 변화량(\Delta y)}{x의\ 변화량(\Delta x)}$ 입니다. 그런데 x의 변화량 Δx

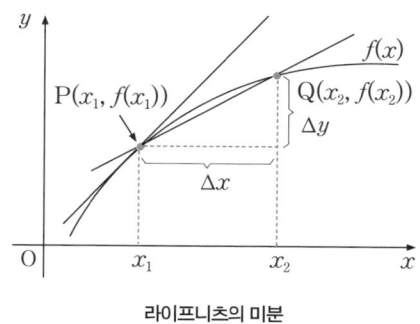

라이프니츠의 미분

의 값을 한없이 작게 해 버리면 Q점의 x축의 x_2의 값이 x_1에 가까이 가게 되겠죠? 그러면 이 두 점을 지나는 직선은 바로 P점을 지나는 접선으로 변합니다. 즉 도함수, 다시 말해 미분을 한다는 것은

미적분의 역사			
수학자	생몰연도	국가	업적
안티폰	B.C. 430?	그리스	착출법(구적법)의 창시자
아르키메데스	B.C. 287?~ B.C. 212	그리스	『착출법에 의한 면적계산』, 『구와 원기둥』
케플러	1571~1630	독일	『포도주 통의 꼴과 용적 측정』(1615)/ 무한소를 이용한 최대값과 최소값을 구하는 문제를 다룸.
데카르트	1596~1650	프랑스	무한소를 이용해 곡선 위의 한 점에서의 접선 구하는 법
카발리에리	1598~1647	이탈리아	『불가분량의 기하학』(1635): 최초의 적분법을 다룬 책
페르마	1601~1665	프랑스	오늘날 미분법을 사용 최대·최소 문제 해결, 적분을 사용해서 넓이, 곡선의 길이 등을 구함.
로베르발	1602~1675	프랑스	사이클로이드 곡선 발견. 포물선의 넓이를 구함.
토리첼리	1608~1647	이탈리아	사이클로이드 곡선 발견
윌리스	1616~1703	영국	영국의 암호왕의 아버지, 『무한산술』(1655)
파스칼	1623~1662	프랑스	적분법 개념 정립
배로	1630~1677	영국	미분과 적분이 서로 역연산임을 발견
뉴턴	1642~1727	영국	『자연철학의 수학적 원리』(1687)
라이프니츠	1646~1716	독일	「무리수에 대해서도 적용할 수 있는 극대, 극소와 접선에 대한 새로운 방법 그리고 여기에 대한 놀라운 계산법」(1684)
요한 베르누이	1667~1748	스위스	라이프니츠 옹호, 미적분학을 대중에게 알리는 데 기여/ 현수선(catenary)을 미분으로 증명.
코시	1789~1857	프랑스	극한의 개념 정립

* 이외에도 미적분 연구에 기여한 많은 수학자들이 있었습니다.

7. '순간'에 마음을 빼앗긴 사람들

기하학적인 의미로는 어느 한 점에서의 순간변화율, 즉 접선의 기울기를 의미하죠. 여기에서 한없이 가까이 간다는 것을 뉴턴은 한없이 작아진다, 라이프니츠는 무한소라고 했는데 정확하게 규명하지 못한 것입니다. 그것을 코시가 극한의 개념으로 규명하게 되면서 $f'(x) = \lim_{\Delta x \to 0} \frac{\Delta y \,(y의\ 변화량)}{\Delta x \,(x의\ 변화량)}$로 도함수, 다시 말해 미분을 정확하게 정의할 수 있게 된 것입니다. 참, 라이프니츠는 Δx 대신 dx로 기호를 써서 훨씬 더 간편하게 쓰고 계산하는 데도 기여합니다.

미적분으로 만들어진 세상

'미적분은 어디에 사용하나요?' 학교를 졸업한 어른들이 가장 많이 하는 수학 질문 중 하나입니다. 아마 고등학교 때 가장 비중 있게 배운 분야인데, 실생활에서는 그 사용처를 눈으로 확인할 길이 없으니 궁금해 하는 것 같아요. 정말 어디에 사용하고 있을까요? 사실 공학자나 과학자가 아닌 사람들이 미적분을 일상생활에서 직접 사용하는 일은 거의 없다고 할 수 있습니다. 다만, 미적분을 응용해 만든 많은 물건들을 매일같이 사용하고는 있죠. 물리학, 화학, 생물학 등 다양한 분야에서 운동의 변화를 분석하고 해석할 수 있는 미적분을 응용해 생산품을 만들고 있습니다. 그런 사례로 무엇이 있냐고요?

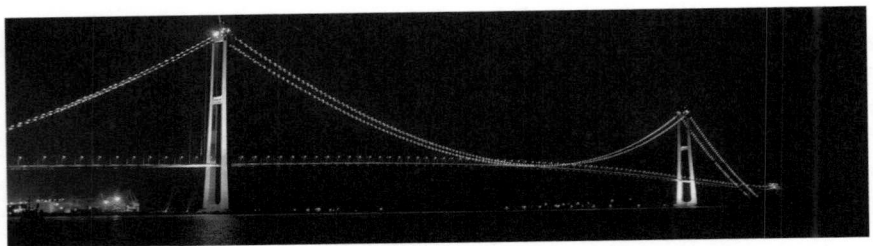
여수 이순신 대교 야경

　2013년에 우리나라 기술력만으로 시공된 첫 현수교가 개통되었습니다. 바로 여수 이순신 대교입니다. 이 이순신 대교에 미적분이 응용되어 있습니다. 현수교는 현수선을 이용해 세워진 다리인데 수심이 깊어 교각을 세우지 못하는 곳에 놓는 다리입니다. 현수선이란 사슬이나 케이블 따위가 양끝 부분만이 고정되어 그 자체 무게만으로 드리워져 있을 때 나타나는 곡선으로 요한 베르누이가 미분학을 이용해서 증명하고 방정식까지 만들어낸 것입니다. 이것을 토목건축학과에서 다리를 놓는 데 이용하고 있는 것이죠.

　요즘 우리가 접하는 제품들을 보면, 모양과 크기가 부쩍 다양해지지 않았나요? 눈을 돌리면, 복잡하고 근사한 외형을 가진 건축물도 많아졌습니다. 이런 것들을 설계하고 건축하기 위해 면적, 부피 등을 계산할 때 미적분이 사용됩니다. 자동차나 비행기 등을 만드는 과정에서 움직이는 데 필요한 엔진의 크기, 또는 멈추는 데 필요한 브레이크의 마찰력 등을 계산할 때, 내비게이션이나 무인항법장치 같은 물건들을 만들 때도 미적분이 사용되고 있습니다.

7. '순간'에 마음을 빼앗긴 사람들

특히 미적분은 미래를 예측하는 데 이용됩니다. 건전지는 얼마나 오래 사용할 수 있는지, 벚꽃의 개화 시기는 언제인지, 어떤 물고기를 자원의 고갈 없이 잡을 수 있는 최대 어획량이 얼마나 되는지 따위를 계산할 때 미적분이 큰 역할을 하기도 합니다. 모두가 미래를 대비하는 데 필요한 질문이지요?

미적분은 경제학에서 환율이나 주가 변동 등 금융시장의 변화를 분석하고 해석할 때도 필수적입니다. 심리학에 학습곡선이라는 연구 분야가 있는데, 시간이 지남에 따른 성취비율을 구할 때도 사용하지요. 어쩌면 우리는 미적분으로 만들어진 세상에 살고 있다고 해도 과언이 아닐 만큼 과학, 사회, 경제 거의 모든 분야에서 만나볼 수 있습니다. 그리고 그 활용도는 계속 진화·발전하고 있지요.

잠시 미적분의 발견에도 큰 역할을 했던 사이클로이드(Cycloid) 곡선으로 재미있는 실험을 한번 해 볼까요? 앗, 사이클로이드 곡선이 뭐냐고요? 토리첼리와 로베르발이 처음으로 발견하고 파스칼이

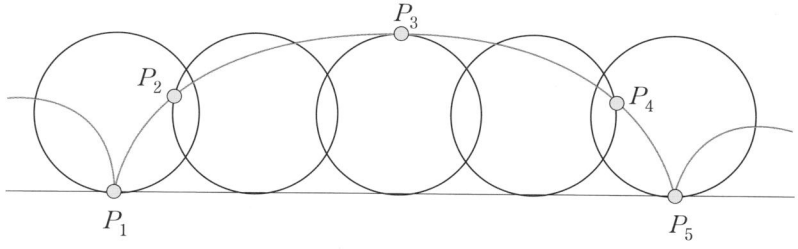

사이클로이드 그리는 방법

많은 성질을 찾아낸 곡선입니다. 앞의 그림을 잠깐 보실래요? 어떤 원 위에 한 점을 찍고, 그 원을 한 직선 위에서 계속 굴리면서 찍어 놓은 점이 지나가는 점들을 따라서 그려 보세요. 바로 그 곡선이 사이클로이드 곡선입니다. 요즘에는 과학관이나 학교에서도 교구들이 나와 있어서 직접 실험해 보기도 하는데 기회가 있으면 꼭 해 보시고요. 그럼 각각 직선, 포물선, 사이클로이드 곡선, 원호를 그리며 떨어지는 선반 위에서 공을 동시에 떨어뜨리면, 어떤 선반 위의 공이 가장 빨리 바닥에 닿을까요? 어떤 선이 가장 빠른 지름길이 되는지 묻는 질문이지요.

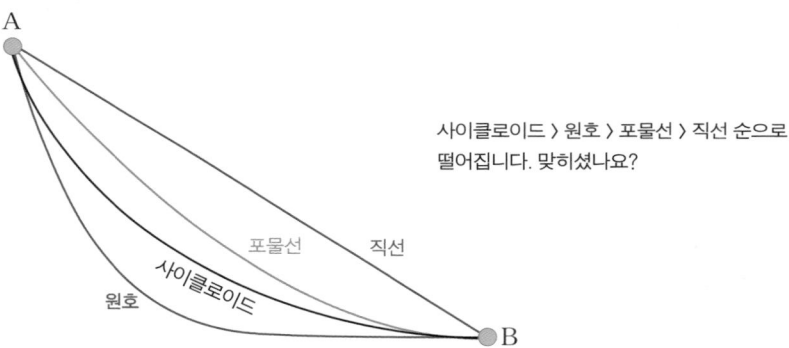

사이클로이드 〉 원호 〉 포물선 〉 직선 순으로 떨어집니다. 맞히셨나요?

사이클로이드 곡선 위에서는 각 지점에서 중력가속도가 줄어드는 정도가 직선보다 작습니다. 그래서 가속도가 크면 더 먼 거리를 가기 때문에 도착 지점까지의 시간이 직선이나 다른 어떤 곡선보다 빠른 것입니다. 특히 사이클로이드는 경사면에서 가장 빠른 속도를

7. '순간'에 마음을 빼앗긴 사람들

내는 특별한 성질을 가지고 있어서 '최단강하선'이라고도 합니다.

이런 사이클로이드 곡선을 우리 주변에서 찾아볼까요? 의외로 쉽게 만날 수 있습니다. 놀이 공원의 롤러코스터, 한옥의 처마, 독수리가 최대한 먹이를 빨리 낚아채기 위해 하늘에서 하강하는 비행 모습, 벌집의 모양 등이 모두 사이클로이드 곡선입니다. 자연 속에 숨은 미적분의 세계가 놀랍기만 합니다. 신은 수학자였을지도 모른다는 유명한 말이 이해가 되지 않나요?

교과서에서 미적분을 언제, 어떻게 배울까?

2018년부터 문·이과가 통합되면서 수학은 고등학교 1학년 때 공통과목을 이수하고 2학년 때 진로나 적성에 따라 선택과목을 결정해 공부하도록 변경됩니다. 선택과목은 해당 교과영역을 일반적 수준에서 다루는 일반선택과 좀 더 심화된 내용의 진로심화선택 과목으로 구분되는데 미적분은 일반선택에 들어갑니다.

분명한 것은 중학교와 고등학교 1학년 때까지 방정식과 함수 등을 배운 다음에 미적분을 배우게 된다는 것입니다. 그것은 아마 미적분이 함수나 방정식 등을 응용하는 과정에서 적용하는 개념이기 때문인 듯합니다.

미적분을 공부할 때 무엇보다 정확하게 살펴야 할 것은 개념입니다. 변화율은 **두 점 사이의** 기울기를 의미하고, 순간변화율은 **어느 한 점에서의** 접선의 기울기를 의미합니다. 둘의 차이를 정확히 구분하세요. 그림으로 기억하면 훨씬 좋습니다. 순간변화율과 도함수, 미분계수는 모두 같은 의미로 사용된다는 것도 꼭 기억해 두십시오. 또한 기호로 나타내는 것이 무엇을 의미하는지도 정확히 알아야 합니다. 예를 들어 $\frac{dy}{dx}$는 어떻게 해석하나요? d는 바로 앞에서 설명했듯이 라이프니츠가 사용한 기호로 미분을 한다는 의미이지요. 그러므로 $\frac{dy}{dx}$는 y라는 식을 x에 관해서 미분한다는 뜻이죠. 이처럼 같은 의미인데도 다른 용어들이 섞여서 사용되고 많은 기호가 나오니 각 개념을 정확히 해서 헷갈리지 않도록 해야 합니다.

그리고 적분은 식뿐만 아니라 복잡한 연산 때문에 틀리는 경우가 많으니 주의하도록 하십시오. 적분은 풀이를 길게 써야 할 때가 많은데 사소한 산수 하나가 그 긴 풀이를 수포로 돌아가게 할 때가 있으니 말입니다. 또 하나 기억해야 할 것은, 미적분 문제 대다수가 함수나 방정식을 기본으로 하면서 기하학의 개념까지 응용해서 풀어야 하는 복합형 문제일 때가 많다는 것입니다. 그래서 어느 하나라

교과서 속 미적분	
고등학교 2학년	
미적분 1	미적분 2
I. 수열의 극한 1. 수열의 극한 2. 급수 **II. 함수의 극한과 연속** 1. 함수의 극한 2. 함수의 연속 **III. 다항함수의 미분법** 1. 미분계수 2. 도함수 3. 도함수의 활용 **IV. 다항함수의 적분법** 1. 부정적분 2. 정적분 3. 정적분의 활용	**III. 미분법** 5. 여러 가지 함수의 미분법 6. 도함수의 활용(1) 7. 도함수의 활용(2) **IV. 적분법** 8. 부정적분과 정적분 9. 정적분의 활용

도 잘 알지 못하면 어려워지니 문제를 볼 때 다양한 시각에서 보는 연습이 필요해요.

수학사를 공부하면 할수록 어떤 개념이 먼저 나오고, 나중에 발견되는 데는 나름의 이유가 있음을 깨닫게 됩니다. 즉, 인간의 이해력으로는 어떤 이론을 받아들이는 데 시간이 필요하고 어느 정도의 시간이 지나야 비로소 다시 새로운 것을 생각해 낼 수 있는 때가 오는 듯합니다. 말하자면 우리가 방정식을 배웠다고 칩시다. 방정식을 공부한 다음 함수 공부를 하면서 비로소 방정식이 완전히 이해되고,

다시 그것을 좌표평면에 나타내는 도형 공부를 하면서 함수가 익숙해지게 됩니다. 이 과정을 거친 다음 미적분을 배우면 훨씬 그 개념을 잘 이해할 수 있게 된답니다.

7. '순간'에 마음을 빼앗긴 사람들

　'순간' 이전에 '움직임'을 그린 화가들이 있었다는 사실을 아시나요? 마치 17세기 많은 과학자들이 움직임에 관심을 갖고 계산을 하기 시작한 것처럼 화가들도 움직임을 표현하고 싶어 합니다. 근대 이전 서양 미술의 소재와 주제는 초상화나 역사, 신화, 신앙과 관련된 내용들로 정지된 모습이 대부분이었습니다. 그런데 이런 정적인 주제에서 벗어나 움직이는 장면을 표현하기 시작하는데 바로 17세기를 대표하는 바로크 미술에서 절정을 보여줍니다.

　바로크(baroque) 미술은 대략 1600년경부터 1750년까지 이탈리아를 비롯한 유럽의 가톨릭 국가에서 발전한 미술 양식입니다. 바로크의 원뜻은 지나치다는, 남용의 뜻으로 이상하고 비논리적인 것에서 나온 괴상하고 과장된 형태를 의미합니다. 특히 바로크 미술은 르네상스 시기와 비교해서 보다 빛나는 색채, 음영과 질감의 풍부한 대비 효과, 자유롭고 표현적인 붓질 등 동적이면서 불규칙하고 심하게 과장된 표현이 두드러집니다. 이런 특징을 표현하기 위해 대각선적인 구도, 원근법, 단축법, 눈속임 효과 등의 기법을 사용하고 있습니다.

　바로크의 대표 작가로는 6장에서 살펴본 카라바조가 있습니다. 루벤스(Peter Paul Rubens, 1577~1640)와 페르메이르(Jan Vermeer, 1632~1675)도 손꼽히지요. 루벤스는 화면 전체에 등장한 모든 이들의 움직임을 사실적으로 표현한 화가입니다. 특히 움직이는 장면을 그대로 옮겨서 그리고 싶었던 루벤스는 화면에 물체들이 움직이는 모습을 표현하기 위해 어떤 시도들을 했을까요? 대각선 구도에 대담하고 섬세한 빛의 효과와 거친 붓질 등을 사용했습니다.

〈십자가를 세움〉이란 작품을 볼까요? 한 화면에 대각선 구도로 십자가를 세우기 위해 모든 사람들이 안간힘을 쓰고 있는데 맨 앞에 있는 인물은 금방이라도 화면 밖으로 밀려 나올 것만 같습니다. 움직이는 상태에서는 정확한 윤곽선이 있을 수 없기 때문에 등장인물들의 몸을 보면 거친 붓질로 울퉁불퉁하게 그려져 있죠. 여기에 더해 강렬한 음양 효과까지 주어 실제로 움직이고 있는 듯 느낌이 생생하게 전달됩니다.

왼쪽 ➡ 페터 파울 루벤스, 〈십자가를 세움〉, 1610년
오른쪽 ➡ 얀 페르메이르, 〈우유를 따르는 여인〉, 1658년경

7. '순간'에 마음을 빼앗긴 사람들

페르메이르의 〈우유를 따르는 여인〉이란 작품은 어떤가요? 우유가 그릇에 떨어지는 소리가 귓가에 맴도는 듯하지 않나요? 페르메이르는 카라바조가 발명한 카이로스큐로(Chiroscuro)라는 명암법의 영향을 받아 빛과 그림자를 이용해서 물체의 입체감이나 촉감을 시각적으로 표현하는 것에 탁월했습니다. 그림 속에서 부엌 창으로 쏟아지는 빛이나, 식탁 위에 놓인 빵의 거친 표면, 여인의 옷 등이 굉장히 사실적으로 표현되어 있습니다.

또한 자연의 움직임을 담아내는 것에 관심을 두었던 화가들도 있었습니다. 밀레(Jean François Millet, 1814~1875), 루소(Theodore Rousseau,

장 프랑수아 밀레, 〈만종〉, 1856~1859년경

1812~1867), 카미유 코로(Jean-Baptiste-Camille Corot, 1796~1875) 등이 그랬습니다. 이 중 밀레의 〈만종〉을 볼까요? 교회 종소리를 들으며 들판 한가운데 기도를 드리는 부부의 모습 뒤로 멀리 해가 지면서 순간순간 변하는 미묘한 빛의 변화가 보이시나요?

이런 움직임을 그리기 시작했던 시기를 지나고 나서야 비로소 '순간'을 포착해서 그리는 화가 모네가 등장하게 된 것입니다. 특히 모네는 말년에 물체가 아닌 빛 자체를 그리기 위해 같은 장소에서

① 여명 ② 아침햇살 ③ 아침의 효과 ④ 밝은 햇빛 ⑤ 흐린 날 ⑥ 갈색
클로드 모네, 〈루앙 대성당〉, 1892~1893년

같은 소재를 시간을 달리하면서 계속 그리는 연작 작업을 시도했습니다. 〈루앙 대성당〉은 그렇게 해서 나온 연작입니다.

모네는 성당 앞 상점의 창가 뒤쪽에 이젤을 놓고 건물에 비추는 빛과 색채의 변화를 표현하기 위해 아침 햇살이 비추는 순간부터 해가 지는 순간까지 30분마다 캔버스를 바꿔가며 쉬지 않고 그렸다고 합니다. 시간의 흐름에 따른 빛과 색채의 변화가 느껴지나요? 뜨거운 햇살 속에서 고된 작업을 많이 했기 때문인지 모네는 말년에 백내장으로 거의 시력을 잃었다고 하네요.

특히 그는 영원히 아름다운 모습이 아니라 마치 카메라처럼 지금 이 순간을 담아내고 싶어 했습니다. 즉 순간의 인상을 잊지 않고 표현하는 것에 집착해서, 사물의 핵심만 파악해 거칠고 빠른 붓질로 그리다보니 점점 형태가 사라져 버리기도 합니다. 이런 모네의 작품들은 20세기 추상회화를 이끈 칸딘스키(Wassily Kandinsky, 1866~1944), 몬드리안(Piet Mondrian, 1872~1955) 등의 화가들에게도 깊은 영감을 주었지요. 어쩌면 모네는 추상회화의 문 또한 자신도 모른 채 열고 있었던 것은 아닐까요?

8

나와 세상의 '관계'를 표현하다
: 함수의 역사

조르주 쇠라,
〈그랑자트 섬의 일요일 오후〉,
1884 ~1886년

〈그랑자트 섬의 일요일 오후〉는 조르주 쇠라(Georges Pierre Seurat, 1859~1891)가 17~18세기에 눈부신 과학, 특히 광학 연구를 바탕으로 그린 작품입니다. 쇠라의 작업에 많은 영향을 미친 과학자들이 있었어요. 1839년, 프랑스 화학자였던 슈브뢸(M. E. Chevreul, 1786~1889)은 색채를 보는 방법에 관한 『색채의 동시대비원칙』을 출판했습니다. 이 책에서 그는 색의 조화와 대비 법칙을 논하면서 순수색의 강도가 약해지면 고유색을 상실하는 색상환 같은 개념을 내놓았죠.

용어가 좀 낯선가요? 흔히 무지개 색깔이라고 하는 빨강, 주황, 노랑, 초록, 파랑, 남색, 보라색을 순수색(saturated colors)이라고 합니다. 고유색은 태양광선 아래에서 보이는 물체가 가지고 있는 색을 뜻해요. 어떤 단어는 들으면 떠오르는 색이 있습니다. 하늘 하면 파란색, 사과 하면 빨강색 하듯이 말이죠. 이렇게 옛날에는 사물에 고유한 색이 정해져 있다고 생각했습니다. 그런데 약 17~18세기 즈음부터 여러 상황에 따라 정해져 있던 고유색이 다양하게 변할 수 있다는 것을 과학적으로 증명하기 시작하지요. 다음의 표는 같은 색이더라도 상

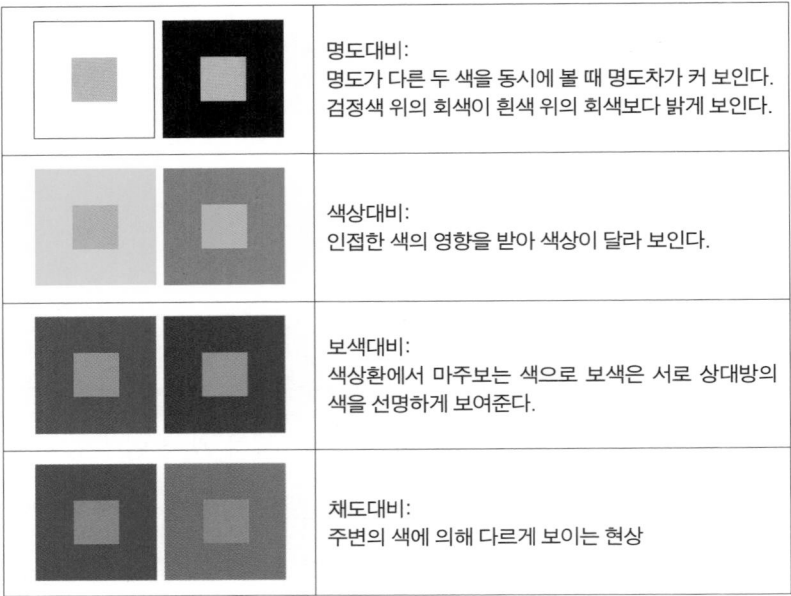

	명도대비: 명도가 다른 두 색을 동시에 볼 때 명도차가 커 보인다. 검정색 위의 회색이 흰색 위의 회색보다 밝게 보인다.
	색상대비: 인접한 색의 영향을 받아 색상이 달라 보인다.
	보색대비: 색상환에서 마주보는 색으로 보색은 서로 상대방의 색을 선명하게 보여준다.
	채도대비: 주변의 색에 의해 다르게 보이는 현상

색채의 동시대비효과

황에 따라 색이 다르게 보이는 경우를 몇 가지 정리한 것입니다.

그리고 독일의 물리학자 헬름홀츠(Hermann Von Helmholtz, 1821~
1894)는 빛의 삼원색(빨간색, 녹색, 파란색) 이론을 집대성했고, 빛의
전자파론을 발표했던 영국의 물리학자 맥스웰(James Clerk Maxwell,
1831~1879)은 색채 혼합에 대한 다양한 이론들을 정리했습니다. 이
외에도 미국의 물리학자 루드(Ogden Rood, 1831~1902)의 『예술과 산
업에 적용된 현대 색채학』 등과 같이 17~18세기에는 색채에 관한
연구들이 활발하게 진행되었죠. 쇠라는 이런 색채의 과학적 이론들
을 토대로 자신만의 예술 세계를 창조했습니다.

8. 나와 세상의 '관계'를 표현하다

그런데 화가였던 쇠라가 왜 이렇게 과학 공부를 열심히 해야 했을까요? 근대에 들어서면서 화가들은 자신만의 독창적인 개성을 보여줄 수 있는 그림을 그리는 것이 중요해지기 시작했습니다. 그러니 자연스럽게 쇠라 역시 자신의 앞 세대인 인상주의 화가들과는 다른 그림을 그리기 위해 많은 공부가 필요했던 것 같습니다. 이것은 오늘날의 화가들에게도 여전히 중요한 문제입니다. 새로운 것을 표현하기 위해 끊임없이 연구를 하고 있죠. 그럼 쇠라는 인상주의 작품들과 어떻게 다른 그림을 그렸는지 살펴볼까요?

　근대로 들어서면서 회화의 새로운 변화를 주도했던 인상파 화가들 또한 당시 크게 발전하고 있던 과학, 특히 색채 이론이나 광학 연구의 영향을 받았습니다. 이 영향으로 이들은 물체에는 그 자체의 고유색이 없으며 색채는 빛의 변화와 함께 변한다고 생각하게 됩니다. 즉, 빛의 변화가 색채와 형태까지 변화시킨다고 생각했기 때문에 순간적으로 포착된 빛의 상태를 빨리 그려내는 데 집착하게 된 것입니다. 7장에서 그렇게 빛을 그려내느라 거의 실명까지 한 모네의 그림을 보았지요. 반사된 빛을 표현하느라 빠르게 그리다보니 인상주의 작품에는 형태가 거의 사라지기도 합니다. 이들 또한 색을 섞지 않고 화폭에서 시각적인 착시효과를 이용한 색채 분할법을 사용했지만 본능적으로 경험했던 색채를 사용한 것이죠.

　쇠라는 이런 인상주의 화가들의 화풍을 따라가는 것을 거부하고 그들이 놓친 것이 무엇인지를 좀 더 깊이 있게 연구하게 됩니다. 그 결과 인상주의 화가들이 본능적이고 감각적으로 사용했던 빛과 색채를 보다 과학적이고 체계적으로 적용하기 위해 점묘법(pointillism)이라는 새로운 기법을 만들게 됩니다. 점묘법은 혼합되지 않는 순수색의 작은 색 점들을 캔버스 전체에 찍어가며 형태를 완성해가는 기법으로 특히 보색관계에 있는 색의 점들을 나란히 배치함으로써 보는 이로 하여금 팔레트에서 혼합하는 것보다 더 빛나는 색채로 보이게끔 했습니다. 이것은 이전의 인상주의와는 완전히 다른 것으로 새로운 과학적 인상파라는 의미로 '신인상주의'라고 불리게 됩니다. 그리고 한편으로는 당시에는 거의 사용하지 않게 된 황금분할이나 조형기법들을 다시 사용함으로써 인상파가 무시했던 조형질서, 즉 형태를 정확하게 그리기 위한 시도를 합니다.

그런데 점묘법으로 그림을 그리는 것은 정말 힘들었을 것 같지 않나요? 한 작품을 완성하기 위해 보색이며 조형적인 것들을 확인하려고 수많은 밑 작업 스케치를 해 가면서 꼼짝도 하지 않고 점을 찍고 있었을 쇠라……. 그림을 떠나 그의 끈질김과 인내심에 깊은 존경심이 먼저 듭니다. 결코 쉽지 않은 작업이었다는 것은 10여 년의 작가 생활 중에 남긴 큰 작품이 오직 7점뿐이었다는 데서도 알 수 있지요. 그렇다면 〈그랑자트 섬의 일요일 오후〉는 완성하기까지 얼마나 걸렸을까요? 거의 3년이라는 시간이 걸렸다고 합니다.

그림을 보면 더러 작가의 성향을 알 수 있기도 한데 쇠라는 어떤 사람이었을 것 같나요? 알려지기로는 굉장히 소심해서 자신의 의견을 피력하기 어려워했고 우유부단했다고 합니다. 항상 중정모와 다림질이 잘된 검은 양복을 즐겨 입고 다니는 쇠라를 두고 드가(Edgar Degas, 1834~1917)는 '공증인'이라는 별명으로 부르기도 했다고 하네요. 그런데 안타깝게도 디프테리아에 걸려 서른한 살의 나이로 세상을 떠나 남아 있는 작품이 많지 않습니다. 하지만 짧은 활동기간에도 불구하고 색상, 채도, 경계대비 등 다양한 색의 특징을 이용하여 자신만의 독특한 예술 세계로 미술사에 이름을 남겼습니다.

색과 색의 '관계'에 유달리 섬세하게 반응했던 쇠라. 그처럼 다른 대상 간의 '관계'를 수학적으로 연구한 분야는 무엇이었을까요? 바로 함수입니다. 그렇다면 수학에서는 어떤 관계를 계산하려고 했을까요? 이제 함수의 역사를 살펴볼 시간입니다.

고대 수표에서 집합까지, 함수의 역사

함수(函數)라는 용어는 Function이라는 영어의 중국식 음역입니다. 함수가 현재의 의미로 정리된 것은 집합론까지 정리된 19세기에 이르러서입니다. 처음 함수가 수학적인 연구 대상이 된 것은 약 17세기이지요. 이때 운동이나 속도 개념을 바탕으로 하는 함수 개념이 만들어지기 시작합니다. 그러나 운동이나 속도 개념이 배제된, 단순히 변화를 이해하기 위한 도구로 사용된 함수 개념은 고대 바빌로니아 시대부터도 찾을 수 있습니다.

기원전 5세기경 고대인들은 복잡한 연산을 쉽게 하기 위해 자주 사용하는 수들의 계산과 결과를 수표로 만들어 천문학 연구 등에 유용하게 사용했습니다. 이 수표를 계산할 수와 결과의 관계라고 보면 함수의 시초라고 할 수 있을 겁니다. 이후로도 다양한 수표들이 만들어졌습니다.

고대 바빌로니아 곱셈표

	1	2	3	4	5	6	7	8	9
1	1	2	3	4	5	6	7	8	9
2	2	4	6	8	10	12	14	16	18
3	3	6	9	12	15	18	21	24	27
4	4	8	12	16	20	24	28	32	36
5	5	10	15	20	25	30	35	40	45
6	6	12	18	24	30	36	42	48	54
7	7	14	21	28	35	42	49	56	63
8	8	16	24	32	40	48	56	64	72
9	9	18	27	36	45	54	63	72	81

현대의 구구단표

함수에 대한 구체적인 개념이 정립되기 시작한 것은 갈릴레이(Galileo Galilei, 1564~1642)가 물체의 낙하 법칙을 연구하면서 두 변량 사이의 관계를 나타내는 것에 관심을 갖기 시작하면서부터입니다. 이후 데카르트(René Descartes, 1596~1650)가 좌표평면 위에 그려진 곡선을 x좌표와 y좌표의 값으로 식을 세우면 한 변수가 다른 변

8. 나와 세상의 '관계'를 표현하다

수에 종속되는 관계라는 것을 보여주게 됩니다. 이로서 운동을 표현하는 식이나 그래프를 본격적으로 수학 대상으로 연구하기 시작하게 되죠.

이런 수학 이론에 함수(function)라는 용어를 처음 쓴 사람은 라이프니츠입니다. 야코프 베르누이(Jakob Bernoull, 1654~1705)와 서로 의견을 나누다가 처음으로 생각했다고도 하는데 논문「접선의 역방법, 곧 함수에 관하여」에서 최초로 함수라는 용어를 사용합니다. 이때는 단순하게 두 변수 사이의 관계, 즉 한쪽 변수의 값이 다른 변수에 의해 결정되는 것만 있었죠. 즉, 한쪽 변수의 값은 다른 쪽 변수에

	0°	30°	45°	60°	90°
sin	0	$\frac{1}{2}$	$\frac{\sqrt{2}}{2}$	$\frac{\sqrt{3}}{2}$	1
cos	1	$\frac{\sqrt{3}}{2}$	$\frac{\sqrt{2}}{2}$	$\frac{1}{2}$	0
tan	0	$\frac{1}{\sqrt{3}}$	1	$\sqrt{3}$	∞

삼각함수 표

수	0	1	2	3	4	5	6	7	8	9	1	2	3	4	5	6	7	8	9
1.0	.0000	.0043	.0086	.0128	.0170	.0212	.0253	.0294	.0334	.0374	4	8	12	17	21	25	29	33	37
1.1	.0414	.0453	.0492	.0531	.0569	.0607	.0645	.0682	.0719	.0755	4	8	11	15	19	23	26	30	34
1.2	.0792	.0828	.0864	.0899	.0934	.0969	.1004	.1038	.1072	.1106	3	7	10	14	17	21	24	28	31
1.3	.1139	.1173	.1206	.1239	.1271	.1303	.1335	.1367	.1399	.1430	3	6	9	13	16	19	23	26	29
1.4	.1461	.1492	.1523	.1553	.1584	.1614	.1644	.1673	.1703	.1732	3	6	8	12	15	18	21	24	27
1.5	.1761	.1790	.1818	.1847	.1875	.1903	.1931	.1959	.1987	.2014	3	6	8	11	14	17	20	24	25
1.6	.2041	.2068	.2095	.2122	.2148	.2175	.2201	.2227	.2253	.2279	3	5	8	11	13	16	18	21	24
1.7	.2304	.2330	.2355	.2380	.2405	.2430	.2455	.2480	.2504	.2529	2	5	7	10	12	15	17	20	22
1.8	.2553	.2577	.2601	.2625	.2648	.2672	.2695	.2718	.2742	.2765	2	5	7	9	12	14	16	19	21
1.9	.2788	.2810	.2833	.2856	.2878	.2900	.2923	.2945	.2967	.2989	2	4	7	9	11	13	16	18	20
2.0	.3010	.3032	.3054	.3075	.3096	.3118	.3139	.3160	.3181	.3201	2	4	6	8	11	13	15	17	19

상용로그 표

숫자를 대입하거나 계산을 해서 얻은 값, 또는 사인(sin)과 같은 삼각비나 로그(log) 등을 적용해서 얻는 값에 의해 결정되는 것들이었습니다.

오일러(Leonhard Euler, 1707~1783)는 1734년 "변수와 상수로써 조립된 해석적인 식"이라고 함수를 정의했습니다. 좀 더 쉽게 설명하자면 연속으로 그려진 곡선을 떠올려 보세요. 그런 곡선만을 오일러는 함수라고 한 것입니다. 그런 함수에 $f(x)$라는 기호도 그가 처음으로 사용합니다. 예를 들어 현대에 사용하는 방식으로 나타내자면 $f(x)=ax+b$, $f(x)=ax+b^3$, $f(x)=c$ 등과 같은 것이죠. 여기에서 $f(x)=y$로 바꾸면 아래 그림처럼 그래프로 표현할 수 있게 되는 것입니다. 이런 변환에는 데카르트와 페르마의 해석학 이론이 사용된 것이죠.

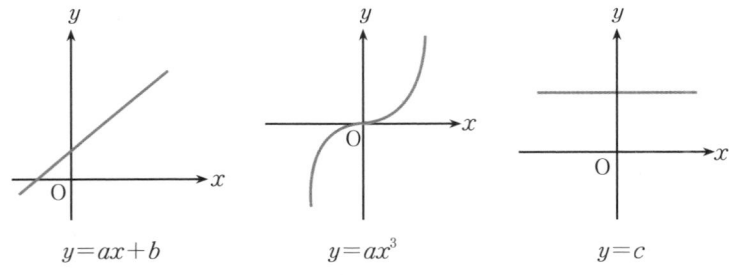

$$y=ax+b \qquad y=ax^3 \qquad y=c$$

코시(Augustin-Louis Cauchy, 1789~1857)가 『해석학 강의』(1821)에서 설명한 함수의 정의는 이와 비슷한 듯 조금 다릅니다. 그는 여러 개의 변수 사이에 어떤 관계가 있어 그중 한 개의 값에 따라 다른 것

8. 나와 세상의 '관계'를 표현하다

의 값이 정해질 때 뒤의 것을 앞의 것의 함수라고 불렀습니다. 코시의 설명은 **변수 사이의 대응관계를 식으로 나타낼 수 없어도 괜찮다는 점**에서 오일러보다 조금 더 발전한 정의였습니다.

그다음으로 함수 개념을 훨씬 더 넓혀서 정리한 수학자는 디리클레(Peter Gustav Lejeune Dirichlet, 1805~1859)입니다. "$a \cdot b$는 정해진 두 개의 값으로, x는 a와 b 사이의 값을 취하는 변수라 한다. x의 각각의 값에 대하여 y의 오직 하나의 값에 대응하고 그 위에 x가 $a \cdot b$ 사이를 연속적으로 변화하는 것에 따라 y도 같이 연속적으로 변화할 때 y를 이 범위에서의 x의 연속함수라고 한다. 이때 y는 이 범위에서 동일한 규칙으로 표현되지 않아도 되고, 또한 x와 y의 관계가 하나로 정해진 관계식으로 나타나지 않아도 좋다." 디리클레의 이러한 정의가 현재 사용하고 있는 **대응으로서의 함수의 개념**을 보다 정확히 한 것입니다.[11]

이후 베르(René-Louis Baire, 1874~1932), 보렐(Emile Borel, 1871~1956), 르베그(Henri Leon Lebesgue, 1875~1941) 등이 적분론과 거리공간론, 위상수학 분야를 발전시키고, 칸토어(Georg Cantor, 1845~1918)가 대수적 수의 집합 문제와 무한집합에 관한 근본적인 문제를 분석하여 집합론의 체계를 만들게 되면서 우리가 현재 사용하고 있는 함수의 개념이 만들어지게 됩니다. 어떻게 정의하느냐고요?

현대 함수의 개념은 집합의 개념과 그것을 좌표평면으로 옮겼을 때의 그래프의 개념을 바탕으로 '두 집합 A, B가 있어 집합 A의 각

각 원에 대하여 집합 B의 단 하나의 원이 대응될 때, 이 대응 관계 f를 $f: A{\rightarrow}B$로 나타내고, A에서 B로의 함수', 이렇게 정의하고 있습니다. 이것이 현재 수학 교과서에서 사용하고 있는 함수의 개념이기도 합니다.

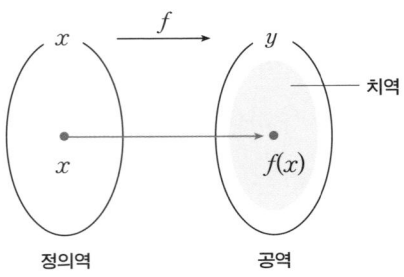

현대 함수의 개념

이후 함수는 더욱 발전해서 두 개 또는 여러 개의 함수를 한꺼번에 적용하는 합성함수나 원래의 관계를 뒤집어서 보는 역함수 관계 등을 밝혀냅니다. 이를 통해 복잡한 함수를 단순한 함수로 쪼갤 수도 있고, 역함수를 통해 더 다양하게 조작할 수 있는 등 그 응용 범위가 확장되고 있습니다.

그럼 현재 교과서에서 사용하고 있는 함수의 종류에 대해서 좀 알아볼까요? 함수는 오일러에 의해 변수와 상수가 어떻게 결합되어 있느냐에 따라 다시 말해, $f(x)$가 x에 관한 대수식으로 쓸 수 있느냐 없느냐에 따라 크게 대수함수와 초월함수, 유리함수(다항함수와 분수함수), 무리함수 등으로 구분됩니다.

표를 보니 앞에서 살펴보지 못한 '로그(log)'라는 용어가 처음 나왔네요. 천문학에 큰 영향을 미친 연산법인 로그는 빼놓을 수 없는 계산법이니 조금 알아보고 갈까요?

함수	대수함수	유리함수	1차 함수	$f(x) = ax + b$ (단 $a \neq 0$)
			2차 함수	$f(x) = ax^2 + bx + c$ (단 $a \neq 0$)
			분수함수	$f(x) = \dfrac{k}{x}$ 등
		무리함수		$f(x) = \sqrt{x}$ 등
	초월함수	지수함수		$f(x) = e^x$ 등
		로그함수		$f(x) = \log x$ 등
		삼각함수		$f(x) = \sin x$ 등

로그는 무엇일까?

17~18세기 유럽은 천문학에서 계속되는 새로운 발견, 항해술의 발전과 함께 먼 지역과의 교역이 가능해지면서 무역이 크게 발전하고 있었습니다. 또한 산업, 전쟁에 필요한 기계가 발명되면서 아주 큰 수부터 굉장히 작은 수까지 수의 사용 범위가 확장됩니다. 이전의 수표로는 할 수 없었던, 큰 수나 작은 수들을 계산하는 일은 누구라도 버거운 일이었지요. 그가 수학자라도 말이죠. 이런 어려움을 해결할 수 있는 빠르고 정확한 계산 방법이 절실하게 필요하던 때,

로그라는 경이로운 발명이 이루어집니다. 로그는 20세기 컴퓨터의 등장으로 많은 계산법이 무용지물이 된 지금까지도 사용되고 있는 현재 진행형 계산 기술이죠.

로그 개념의 시초는 슈티펠(Michael Stifel, 1486~1567)의 책 『산술』에 나타납니다. 이후 네이피어(John Napier, 1550~1617), 브리그스(Henry Briggs, 1556~1631), 블락(Adrian Vlacq, 1600~1666) 등에 의해 확립됩니다.

로그를 일컫는 logarithm는 네이피어가 '비'를 뜻하는 그리스 단어 logos와 '수'를 의미하는 arithmos를 사용하여 지은 것으로 '수의 비'를 뜻합니다. 네이피어는 20년이 넘는 동안 끊임없는 노력을 기울여 『놀랄 만한 로그 규칙의 기술』(1641)이라는 147쪽 분량의 책을 발표하는데, 이 중에서 $0°$~$90°$까지의 sin값의 로그 수를 1분마다 표시한 로그표가 90쪽에 달했습니다. 그가 로그를 고안한 목적은 아주 큰 수들을 지루하게 셈하는 수고를 덜어주기 위함이었고 특히 삼각함수에 응용하기 위해 만들어진 것이었습니다. 네이피어가 발견한 로그가 당시 얼마나 놀라운 일이었는지 맑은 하늘에 날벼락처럼 등장한 것이라고 할 정도였죠. 그만큼 로그는 당시의 복잡한 수치 계산을 간편하게 해주는 획기적인 발명이었습니다. 천문학자 라플라스(1749~1827)는 로그의 발명이 계산에 들이는 노력을 줄여서 천문학자의 수명이 두 배로 연장되었다며 극찬을 아끼지 않았다고 하네요.

8. 나와 세상의 '관계'를 표현하다

당시 런던의 그레셤 칼리지(Gresham College) 교수였던 브리그스는 네이피어의 발견에 뜨거운 찬사를 보냈습니다. 이 새롭고 놀라운 계산법에 감동한 브리그스는 에든버러에 사는 네이피어를 방문해서 한 달 동안이나 머물렀다고 합니다. 그때 1의 로그를 0, 10의 로그를 10의 적당한 거듭제곱으로 하는 것이 더욱 편리할 것이라는 제안을 했고 건강이 좋지 않았던 네이피어를 대신해서 밑이 10인 상용로그 표를 준비해서 1624년에 『로그의 산술』을 발간하게 됩니다. 여기에는 1에서 2만까지와 9만에서 10만까지의 14자리 상용로그표가 들어 있으며, 가수와 지표의 개념을 도입하고 있습니다.[12] 그러니까 3^{500}이 몇 자리 수인지, 최소한 첫 번째 자리는 어떤 숫자인지까지를 이 로그표를 쓰면 쉽게 계산할 수 있다고 생각하면 됩니다. 이게 어떻게 가능한지 궁금한가요? 자세한 계산법은 고등학교 때 배울 수 있을 겁니다.

이후 네덜란드 출판업자이자 수학자인 블락이 브리그스의 표를 보충해서 1628년에 1부터 10만까지 10자리의 상용로그수를 계산한 『로그표』를 출판합니다. 이 로그표가 얼마나 편한 계산법이었는지 유럽 전역에 유포되어 현재까지도 많은 사람들이 사용하고 있습니다. 그런데 여기에는 안타까운 사연이 숨어 있어요. 스위스의 기계 제작자였던 뷔르기(Joost Burgi, 1552~1632)도 네이피어와 상관없이 독자적으로 1580년대 말 로그의 개념을 생각했습니다. 이를 『등차·등비수열 표』라는 제목으로 1620년에 발표를 했는데 이것은 네이

함수의 역사			
수학자	생몰연도	국가	저서 및 이론
고대 바빌로니아	B.C. 2000~ B.C. 1600		다양한 수표 사용
갈릴레이	1564~1642	이탈리아	운동하는 물체의 위치와 시간의 관계식
데카르트	1596~1650	프랑스	독립변수 x와 종속변수 y의 관계식
페르마	1601~1665	프랑스	
그레고리	1638~1675	영국	여러 값을 취할 수 있는 양이 되는 x, 즉 변수의 개념 밝힘.
야코프 베르누이	1654~1795	스위스	함수를 나타내는 양을 사용
요한 베르누이	1667~1748	스위스	
라이프니츠	1646~1716	독일	「접선의 역방법, 곧 함수에 관하여」에서 처음으로 함수라는 용어 사용
오일러	1707~1783	스위스	『무한해석 입문』(1748): 함수 이론에 관한 최초의 책
코시	1789~1857	프랑스	『해석학 강의』: 함수의 정의
디리클레	1805~1859	독일	'대응'으로 함수의 정의를 좀 더 명확히 함.
칸토어	1845~1918	러시아	집합론으로 사상으로서의 함수 개념 확립

* 이외에도 함수 연구에 기여한 많은 수학자들이 있었습니다.

피어보다 6년이나 늦은 것이었다고 하지요. 최초의 발견자라는 지위를 놓쳐 뷔르기는 수학사에 이름을 널리 알리지 못했답니다.

8. 나와 세상의 '관계'를 표현하다

수학의 총정리, 함수!

함수의 역사에는 지금까지 함께 살펴본 수학사 이야기가 전부 들어가 있는 듯하지요. 맨 처음 이 책의 문을 열었던 폴리페모스 이야기를 떠올려볼까요? 폴리페모스가 동굴 앞에서 양떼를 어떻게 확인했나요? 돌 한 개와 양 한 마리를 대응시켜서 처음으로 수를 세기 시작했던 그 방법이 사실은 일대일 대응함수입니다. 우리 생활 속에서 이러한 예는 쉽게 찾아볼 수 있습니다. 아기가 말을 배우기 시작할 때, 이것이 뭐냐고 끝없이 질문하며 단어를 배웁니다. 즉, 물건 하나에 이름 하나를 대응시켜가며 말을 배웠던 방법도 일대일 대응함수입니다. 우리가 간식 내기를 걸고 많이 하는 게임이 있습니다. 바로 사다리 타기입니다. 요즘에는 스마트폰 앱까지 나올 정도로 많은 사

간식 내기 사다리 타기

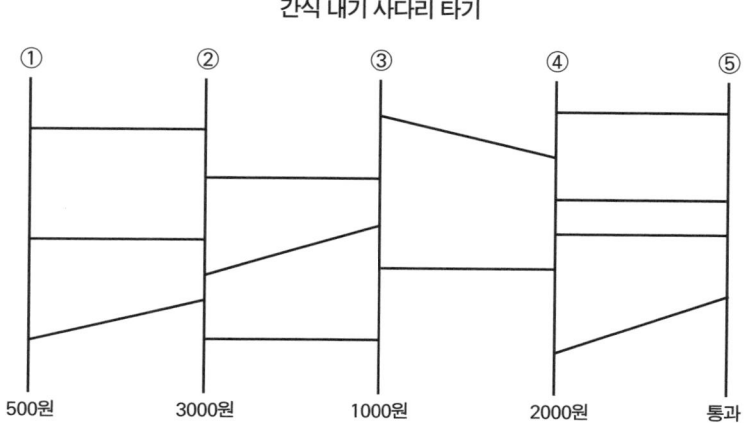

① ② ③ ④ ⑤

500원　　3000원　　1000원　　2000원　　통과

람들이 즐겨 사용하고 있습니다. 그런데 혹시 궁금한 적 없었나요? 아무리 사다리가 많아도 절대로 겹쳐지는 일이 없는 건 왜일까요? 바로 일대일 대응관계에 있기 때문입니다. 이처럼 함수의 개념은 인간의 삶과 밀접하게 관련이 있습니다.

이번에는 방정식을 생각해 볼까요? 많은 방정식, 1차, 2차, 고차 방정식 또한 그 식이 만들어지는 과정에서 관계라고 하는 함수의 개념을 넣을 수 있습니다. 만약 2차 방정식 $ax^2+bx+c=0$을 $f(x)=ax^2+bx+c=0$라는 함수로 보면 두 변수 사이의 관계식으로, 쏘아올린 물체에서 가장 높이 올라가게 되었을 때의 시간이나 거리 등을 구한다거나, 물건을 어떻게 분배할 것인가 같은 다양한 문제에 응용할 수 있습니다.

이처럼 다항식은 다항함수로, 분수식은 분수함수, 무리식은 무리함수 등과 같이 식으로 나타낸 것들을 함수화시키면 관계의 의미로 해석해서 여러 가지 분야에 이용할 수 있게 되는 것이죠. 통계 또한 관계의 개념으로 해석해서 식을 세울 수 있다는 점을 이미 6장에서 봤습니다. 그리고 다시 이 모든 함수는 데카르트와 페르마의 해석기하학 덕분에 $f(x)=y$로 바꾸면 좌표평면 위에 그림으로 나타낼 수 있게 됩니다. 또한 이렇게 세워진 함수식에 또 다른 수학 개념인 미적분 등을 이용하면 수학의 이용범위는 훨씬 넓어질 수 있습니다.

마치 세상 속에 무질서하게 놓여 있는 많은 정보들에서 질서와 패

턴들을 찾아 식으로 세우면, 다시 그것들을 관계로 풀어서 좌표평면에 그림으로 보여주기까지, 할 수 있는 응용범위가 넓은 함수는 인류의 삶 속에 가장 폭넓게 스며 있는 만큼 수학의 밑바탕이 되는 영역이라고 할 수 있습니다.

20세기 초 수학교육 개혁운동의 핵심인물 중 한 사람이었던 클라인(Felix Klein, 1849~1925)은 "함수 개념은 단순히 하나의 수학적 방법이 아니라 수학적 사고의 심장이요 혼이다."라고까지 할 정도로 함수적 사고의 중요성을 강조했습니다. 단순히 하나의 수학적 방법으로서가 아니라 응용 가능성까지 살피면, 함수는 수학 전체를 하나로 통합하는 데 꼭 필요한 개념입니다. 그래서 클라인은 학교 교육에 함수를 적극적으로 도입했지요. 이처럼 수학 교육에서 꼭 배워야 할 가장 중요한 단원이 된 함수는 교과서에 어떻게 등장하고 있을까요?

교과서에서 함수를 언제, 어떻게 배울까?

함수의 역사에서 확인하셨듯이 현재의 함수는 집합론을 바탕으로 정의하고 있기 때문에 집합을 먼저 배우고 나서 함수를 배우는 것이 가장 이해하기 쉬운 방법일 수 있습니다. 그래서 2009년 개정 전까지 오랫동안 교과서에서는 중학교 1학년 때 집합의 기본 개념을 배우고 나서 방정식을 배운 후에 함수가 나왔죠. 그런데 수학 교과서의 분량을 줄이는 과정에서 예전에는 중학교 1학년 때 배웠던 집합 단원을 고등학교 1학년 2학기 때 배우도록 현재 변경되었습니다.

그래서 이제 중학교 1학년 때 배우는 함수는 집합의 개념으로 설명하지 않습니다. 대신 '관계'라고 하는 초기의 함수 개념으로 설명하지요. 즉 변수 x와 y 사이에 x의 값이 정해지는 것에 따라 y값이 정해지는 관계에 있을 때, y는 x의 함수라고 한다는 개념으로만 배우게 됩니다. 그리고 다시 중학교 3학년이 되면 2차 함수를 배우게 됩니다. 그런데 2차 함수부터는 1차 함수와는 달리 '관계'라는 조건만으로 그 의미를 이해하기란 결코 쉬운 일이 아닙니다. 여기서 많은 학생들이 수학이 어렵다는 생각을 하기 시작하지만, 누구나 겪는 일이니 크게 좌절하지는 마세요. 이후 고등학교 1학년 2학기에 집합의 개념을 배우고 나면 함수의 개념은 훨씬 더 정확하게 이해할 수 있게 될 것입니다. 고등학교 2학년 때 심화과정을 선택한 학생에 한해 로그함수나 삼각함수 등과 같은 특수 함수를 배웁니다. 하지만 이런 심화과정을 선택하지 않은 고등학생이라면 중학교 때부터 다루었던 함수를 좀 더 체계적으로 배우고 그 응용력을 기르는 것에 집중해서 공부하면 된답니다.

방정식에서 함수로, 다시 기하학으로, 미적분으로 通通하는 수학 개념

사실, 중학교·고등학교 수학 과정에서 가장 어려운 분야로 함수를 꼽는 사람이 많습니다. 왜 그런지는 함수의 역사를 보면 이해가 되지요. 함수는 인류가 거의 본능적으로 사용하기는 하지만 기하학, 방정식, 집합 등 많은 이론을 거쳐 함수가 무엇인지 그 정의가 정립된 분야입니다. 중학교 때까지의 함수 문제는 단순하게 한두 개의 개념을 이용하니 크게 어렵지는 않습니다. 그러나 고등학교 때부터는 특히 기하학의 성질까지, 이제까지 배웠던 모든 내용을 응용해서 풀어야 하는 복합형 문제들이 등장하니 힘들 수밖에 없습니다. 지금까지 매 단원마다 배운 것들을 충분히 훈련하지 않고 왔다면 그만큼 수학 공부는 괴로운 일이 되는 것이죠. 게다가 단기간에 어떻게 할수 있는 공부도 아니니 더욱더 수학은 고통스러운 과목이 됩니다. 그래서 매 단원이 끝날 때마다 정확한 개념 정리와 규칙적인 연습을해야 한다는 것을 잔소리처럼 강조했던 겁니다.

이제까지 열심히 매 단원을 충실히 공부하고 연습해왔다고요? 그렇다면 이제 통합형 문제를 풀 때 꼭 기억하셨으면 하는 것들이 있습니다. 이제까지 수학사를 읽으면서 모든 수학 개념들이 어떻게 연결되는지 알게 되셨죠? 그렇습니다. 방정식에서 함수로 다시 기하학

교과서 속 함수		
중학교 1학년 1학기	중학교 2학년 1학기	중학교 3학년 1학기
IV. 좌표평면과 그래프 1. 좌표와 그래프 2. 정비례와 반비례	**V. 1차 함수** 1. 1차 함수와 그래프 2. 1차 함수와 　 1차 방정식의 관계	**III. 2차 함수** 1. 2차 함수의 그래프 2. 2차 함수의 활용

고등학교 1학년	고등학교 2학년	
	미적분 1	미적분 2
V. 집합과 명제 1. 집합의 뜻과 표현 2. 집합의 연산 3. 명제 **VI. 함수** 1. 함수 2. 유리식과 유리함수 3. 무리식과 무리함수	**II. 함수의 극한과 연속** 1. 함수의 극한 2. 함수의 연속	**I. 지수함수와 로그함수** 1. 지수함수와 　 로그함수의 뜻과 그래프 2. 지수함수와 　 로그함수의 극한과 미분 **II. 삼각함수** 3. 삼각함수의 뜻과 그래프 4. 삼각함수의 미분

으로 미적분으로 통계로 모든 것들이 통하게 되어 있습니다. 그러니 문제를 풀 때 방정식으로 풀었는데 답이 안 나오면 함수 개념을 적용해 보십시오. 다시 안 풀리면 그래프로 그려 보실래요? 이렇게 문제가 풀릴 때까지 이제까지 배웠던 모든 개념으로 바꿔서 생각하고 풀어보는 연습이 필요하죠. 여러분이 풀어야 하는 모든 수학 문제는 교과서에서 배웠던 내용 그 이상의 개념이나 공식을 사용하는 문제는 없습니다. 그러니 여러분이 풀 수 있는 모든 것을 알고 있다는 걸 명심하세요. 이제 수학 문제는 무조건 풀 수 있다는 것을 믿으시나요?

8. 나와 세상의 '관계'를 표현하다

그저 여러분은 알고 있는 것 중에서 그 방법을 찾기만 하면 됩니다.

저는 가끔 수학 문제가 진짜 안 풀릴 때 자기 암시를 합니다. 이건 어떻게든 풀리게 되어 있다고 끊임없이 자신에게 말해 줘요. 계속 풀어보면서 생각하는 힘을 얻는 데 조금은 도움이 됩니다. 이 책에서 여러 번 강조했지만 느리게 하는 수학 공부가 정말 중요하다는 사실을 꼭 기억해 주세요.

모든 수학 개념이 서로 연결되어 있다는 것을 깨닫는 그 순간에 비로소 수학 공부가 쉬워지기 시작합니다. 그 순간을 만나는 과정이 쉽지만은 않겠지만, 차근차근 꾸준히 해 나간다면 수학이 재미있는 과목이 될 날이 올 거라 믿습니다.

노벨상에 수학분야는 없다는 것을 혹시 아시나요? 다이너마이트를 발명해서 큰 부자가 된 노벨(Alfres Bernhard Nobel, 1833~1896)은 인류를 위해 크게 공헌한 사람들에게 상을 주도록 자신의 재산을 스웨덴 왕립과학원에 기증했습니다. 노벨상은 물리학, 화학, 의학 및 생리학, 문학, 평화 등 다섯 분야로 수학이 빠졌습니다. 이에 대해 소문이 아직까지도 무성합니다.

그중에서 노벨과 스웨덴의 수학자 미타그-레플러(Mittag-Leffler, 1846~1927)와의 불화설이 가장 유명하죠. 불화설은 한 여인을 두고 벌인 삼각관계 때문에 상처를 받아서라거나, 혹은 안 좋은 방법으로 부를 축적한 것 때문에 미타그-레플러를 싫어해서라는 등 여러 가지가 있습니다. 사람들의 말인즉슨 노벨은 미타그-레플로가 상을 받을까봐 노벨상 분야에서 수학을 빼 버렸다는 것입니다. 이외에도 노벨이 수학에 관심이 없었다거나 또는 인류 복지에 실질적으로 기여해야 한다는 노벨상의 조건 때문에 수학이 실용분야가 아닌 이론이어서 배제했다는 등등 나라마다 이야기가 많습니다.

이렇게 사람들 사이에 소문이 무성한 것을 보면, 그만큼 과학의 발전에 빼 놓을 수 없는 수학이 노벨상에 빠져 있다는 것을 쉽게 받아들이기 힘들기 때문인 듯합니다.

그런데 노벨상을 받은 수학자가 딱 한 명 있죠. 미국의 수학자

8. 나와 세상의 '관계'를 표현하다

존 내시(John F. Nash, 1928~2015)가 1994년에 노벨 경제학상을 받았습니다. 경제학에 그의 박사논문의 수학이론이 사용된 것이죠. 그는 영화 〈뷰티풀 마인드〉의 주인공으로도 잘 알려져 있습니다. 이것은 노벨상이 1901년 시작된 이래로 93년 역사에서 수학자가 받은 유일한 상입니다.

수학 분야 최고 권위의 상은 필즈상(Fields Medal)입니다. 세계수학자대회에서 수여하는 상이죠. 필즈상은 언제 어떻게 시작되었을까요? 1893년 미국 시카고 대학에서 세계수학대회(International Mathematical Congress)가 열립니다. 이때 함수를 수학교육 과정에 넣기도 했던 클라인이 수학의 발전과 수학자들의 국제적인 교류의 지속적인 필요성을 제안합니다. 이후 1897년부터 세계수학자대회는 매년 4년에 한 번씩 각 나라를 돌아가며 열리고 있죠. 그래서 이 대회를 수학 올림픽이라고도 합니다.

필즈(John Charles Fields Jr, 1863~1932)는 캐나다 수학자로 노벨상에 수학이 포함되어 있지 않은 것을 무척 안타까워했습니다. 1924년 캐나다 토론토에서 열린 세계수학자대회가 흑자로 끝나면서 필즈는 이 돈으로 국가와 정치적 이념을 초월한 어떠한 제약도 없는 수학만을 위한 상을 만들려는 계획을 세웁니다. 많은 국가들을 설득한 필즈의 노력으로 마침내 수학 상을 만들기로 결정이 되죠. 그런데 필즈는 상이 수여되는 것을 보지 못한 채 과로로 갑자기 사망하게 됩니다. 그 와중에도 필즈는 자신의 유산 대부분을 이 상을 위해 기부했다고 하네요. 이렇게 해서 1936년 세계수학자대회에서 처음으로 이 상을 수여하기 시작하는데 필즈의 노고를 기리기 위해 그의 이름이 붙여지게 된 것입니다.

그런데 이 상에는 특이하게 40세 이하에게만 수여된다는 제한이 있습니다. 이렇게 된 것은 필즈가 상에 대한 바람을 적은 메모 때문이었습니다. "지금까지 쌓아온 업적을 기리며, 동시에 앞으로 더 크게 쌓아가도록 격려하며, 다른 수학자들의 분발을 촉구하는 상"이라는 메모를 협회가 '젊은 수학자에게 주는 상'으로 해석하여 젊은 수학자에게 수여하기 시작한 것입니다. 그러다 1966년 모스크바 대회 때부터는 아예 수상자의 나이를 40세 미만으로 제한한 것이라고 합니다. 정확하게 상이 수여되는 해의 1월 1일을 기준으로 40세가 되지 않은 수학자들을 대상으로 수여하기 때문에 뛰어난 업적을 남기고도 필즈상을 수상하지 못한 수학자들이 있습니다. 수명이 길어진 현재 이 조건은 적합하지 않다고 주장하는 이들이 많습니다. 그래서 이 조건을 폐지하기 위해 정식으로 논의를 시작했다고 하니 곧 변하게 될 것 같습니다.

그럼 필즈상 메달을 좀 볼까요? 메달 앞면에 있는 사람은 누구일까요? 아르키메데스의 초상입니다. 주변에는 라틴어로 '자신 위로 올라서서 세상을 꽉 붙잡아라.'라는 문구가 적혀 있습니다. 뒷면에는 아르키메데스가 가장 자랑스러워했다는 정리, "구면과 외접

필즈상 메달

하는 원기둥의 겉넓이의 비가 2:3이다."라는 내용이 그려진 묘비가 밑그림으로 그려져 있습니다. 그 위에 "전 세계에서 모인 수학자들이 탁월한 업적에 이 상을 수여한다."는 글귀가 있죠.

필즈상 외에도 권위 있는 수학 상으로는 아벨상(Abel Prize)과 울프상(Wolf Prize)이 있습니다. 가난과 결핵으로 젊은 나이에 죽은 노르웨이 수학자 아벨(Niels Henrik Abel, 1802~1829)을 기리기 위해 그의 탄생 200주년이 되는 해인 2002년 만들어진 아벨상은 수학 분야에서 탁월한 학문적 업적을 이룬 학자에게 매년 수여합니다. 울프상은 주 이스라엘 쿠바 대사를 지낸 바 있는 리카르도 울프(Ricardo Wolf, 1887~1981) 박사가 만든 울프재단에서 1978년에 제정하여 거의 매년 수여해오고 있는 상입니다.

2014년 세계수학자대회가 우리나라에서 열렸다는 사실을 아시나요? 이때 마리암 미르자카니(Maryam Mirzakhani, 1977~2017)가

세드릭 빌라니

여성 수학자로는 처음으로 상을 받기도 했죠. 옆의 사진은 누굴까요? 2010년 필즈상 수상자인 프랑스 수학자 세드릭 빌라니(Cédric Villani, 1973~)입니다. 세드릭 빌라니는 제가 직접 보고, 사인까지 받은 세계적인 수학자인데요, 우리나라에서 열린 2014년 27차 세계수학자대회에 참석했던 그를 한 국제다큐영화제 개막식에서 만나게 되었습니다. 행사장에서 그를 발견하고 얼마나 기뻤는지 잠깐 쉬는 시간에 주저주저하다가 얼른 다가가 사인을 부탁했지요. 살면서 처음으로 받아본 사인이었습니다. 왜 아이들이 연예인에게 사인을 받는지 이해가 되는 순간이기도 했습니다. 그냥 까닭 없이 뿌듯하고 좋더군요.

빌라니는 우리나라에 그의 자서전『살아 있는 정리』가 소개되어 있어서 그런지 한국에서도 유명한 동시대 수학자입니다. 가르마를 한 단발머리에 커다란 스카프를 목에 리본처럼 두르고, 재킷에는 항상 커다란 거미 브로치를 달고 다니는 독특한 패션은 그의 트레이드마크입니다. 또한 프랑스에서 수학의 대중화를 위해 적극적으로 활동하고 있기도 합니다. 〈왜 나는 수학이 싫어졌을까How I came to Hate Math〉라는 다큐멘터리에 직접 출연한 것도 대중들에게 수학이 무엇인지 알려주기 위해서였다고 합니다. 수학 강국인 프랑스에서까지 이런 다큐멘터리가 만들어진 것을 보면 세계 어느 나라에서나 수학이 어렵다고 아우성이긴 한 것 같지요? 기회가 되면 이 다큐멘터리도 한번 찾아서 보는 것도 좋겠습니다. 빌라니가 전하는 이야기가 수학 공부에 도움이 될 것 같으니 말이에요.

빌라니를 보며 젊은 나이에 필즈상을 수상한 그가 대단하다는 생각과 함께 프랑스라는 나라가 다시 보였습니다. 지금까지 수학사 이야기를 읽으면서 알 수 있었겠지만 프랑스는 역사 이래로 가장 많은 수학자를 배출한 나라입니다. 미국 다음으로 많은 필즈상 수상자와 수학자의 이름을 딴 거리가 있는 수학 강국이지요.

대한민국은 국제올림피아드에서 어느 나라보다 많은 학생들이 상을 받고 있는데도 아직까지 필즈상이나 그 외의 권위 있는 수학상을 수상한 수학자가 한 명도 없습니다. 좀 안타까운 마음이 듭니다. 하지만 그날이 머지않아 오길 바라며 미래의 대한민국 필즈상 수상자에게 사인을 받을 수 있는 자리 하나를 이 책의 마지막 부분에 남겨 두기로 합니다.

그보다 더 바라는 저의 꿈은 모든 학생들이 최소한 중·고등학교를 다니는 기간만큼은 수학 공부가 어렵다는 것을 충분히 받아들이고 차근차근 준비하고 연습해서 '수학을 포기하는 일' 없이 끝까지 즐겁게 공부하는 것이랍니다. 수학은 어떤 일을 하든 보이지 않는 힘이 되기 때문입니다.

그림출처

주

1 · 이광연, 『신화 속 수학 이야기』, 경문사, 2004, 194쪽.

2 · 김용운 · 이소라, 『청소년을 위한 한국 수학사』, 살림, 2009, 54쪽.

3 · 이광연, 『한눈에 쏙! 수학 지도』, 궁리, 2009, 53쪽.

4 · 김용운 · 이소라, 앞의 책, 25쪽.

5 · 앞의 책, 27쪽.

6 · 조채린, 『세상에서 가장 쉬운 수학지도』, 북스토리, 2010, 86쪽.

7 · 마리오 리비오, 『황금 비율의 진실』, 권민 역, 공존, 2011, 29~30쪽.

8 · 진중권, 『서양미술사 I』, 휴머니스트, 2008, 119쪽.

9 · 박세희, 『수학의 세계』, 서울대학교 출판문화원, 2006, 185~188쪽.

10 · 데이비드 M. 버튼, 『수학의 역사 · 입문 하』, 허민 역, 교우사, 2013, 536~538쪽.

11 · 곤다리아 켄이지로 · 간바라 타게시, 『함수 따라잡기』, 조윤동 감수, 아카데미서적, 1998, 37쪽.

12 · 데이비드 M. 버튼, 『수학의 역사 · 입문』, 허민 역, 교우사, 2013, 429쪽.

참
·
고
·
문
·
헌

수학사

· 계영희, 『명화와 함께 떠나는 수학사 여행』, 살림, 2006.
· 고상숙 · 고호경, 『청소년을 위한 서양수학사』, 두리미디어, 2006.
· 곤다이라 켄이치로 · 간바라 타케시, 『함수 따라잡기』, 조윤동 감수, 아카데미서적, 1997.
· 구정화 · 김찬호 · 안병근 · 이기원 · 문우일 · 통계청, 『통계 속의 재미있는 세상 이야기』, 휴먼컬처아리랑, 2014.
· 김남희 외 5인, 『수학교육과정과 교재연구』, 경문사, 2006.
· 김용운 · 김용국, 『재미있는 수학여행 1, 2, 3, 4』, 김영사, 1991.
· 김용운 · 이소라, 『청소년을 위한 한국 수학사』, 살림, 2009.
· 김용태, 『세계 수학교육 사상사 입문』, 교우사, 2013.
· 김해경 · 박경옥, 『확률과 통계』, 경문사, 2009.
· 김화영, 『교과서를 만든 수학자들』, 글담출판사, 2005.
· 나카다 노리오, 『사회와 수학』, 이상구 · 김호순 역, 경문사, 2011.
· 다카하시 슈유 외 4인, 『뉴턴의 대발명 미분과 적분』, 뉴턴코리아, 2011.
· 더글러스 다우니, 『이야기로 아주 쉽게 배우는 미적분』, 최태환 역, 이지북, 2004.
· 데이비드 M. 버튼, 『수학의 역사 · 입문 상, 하』, 허민 역, 교우사, 2013.
· 래리 고닉, 『세상에서 가장 재미있는 미적분』, 전영택 역, 궁리, 2012.
· 래리 고닉 · 울코트 스미스, 『세상에서 가장 재미있는 통계학』, 전영택 역, 궁리, 2007.
· 러시아과학아카데미(Akademiya Nauk SSSR), 『철학사 1』, 임석진 역, 중원문화, 2012.
· 리처드 만키에비츠, 『문명과 수학』, 이상원 역, 경문사, 2002.
· 마리오 리비오, 『황금 비율의 진실』, 권민 역, 공존, 2011.

· 마크 추 캐롤,『착한 수학』, 전계도 역, 지앤선, 2014.
· 박세희,『수학의 세계』, 서울대학교 출판문화원, 2006.
· 박영훈,『기호와 공식이 없는 수학카페』, 휴머니스트, 2005.
· 박영훈 · 황선희,『멜론 수학』, 문예춘추, 2007.
· 시노자키 나오코,『일하는 수학』, 김정환 역, 타임북스, 2007.
· 쑨자오룬,『지도로 보는 세계과학사』, 심지언 역, 시그마북스, 2009.
· 안 굴베리,『수학百科』, 권창욱 · 홍대식 역, 경문사, 2013.
· 에이드리언 길버트,『마야의 예언, 시간의 종말』, 고솔 · 강민영 역, 말글빛냄, 2007.
· 이광연,『수학, 인문으로 수를 읽다』, 한국문학사, 2014.
· ＿＿＿,『신화 속 수학 이야기』, 경문사, 2004.
· ＿＿＿,『한눈에 쏙! 수학지도』, 궁리, 2009.
· 이만근 · 전병기,『올 댓 피타고라스 정리』, 경문사, 2007.
· 이명옥 · 김홍규,『명화 속 신기한 수학 이야기』, 시공아트, 2005.
· 제니퍼 울렛,『미적분 다이어리』, 박유진 역, 자음과모음, 2011.
· 조엘 레비,『Big Questions 수학』, 오혜정 역, 지브레인, 2016.
· 조용승,『자연과 문명 속의 수학』, 이화여자대학교출판부, 2012.
· 조채린,『세상에서 가장 쉬운 수학지도』, 북스토리, 2010.
· 테오도르 몸젠,『몸젠의 로마사 1』, 김남우 · 김동훈 · 성중모 역, 푸른역사, 2013.
· 허민,『수학자의 뒷모습 I, II』, 경문사, 2008.
· 황현탁,『도박의 사회학』, 나남, 2010.
· C. H. 에드워즈,『미적분의 역사』, 류희찬 역, 교우사, 2012.

___

미술사

· 게이 로빈스,『이집트의 예술』, 강승일 역, 민음사, 2008.
· 김상근,『카라바조』, 평단, 2005.
· 김항봉,「조르주 쇠라(Georges P. Seurat)회화의 점묘기법과 색채를 이용한 패션디자인 연구」, 이화여자대학교 대학원 2007년 석사학위논문.
· 니나 크랜젤,『구스타프 클림트』, 엄양선 역, 예경, 2007.
· 니콜레타 발다니 외,『라파엘로』, 이윤주 역, 예경, 2007.
· 다그마 루츠,『그리스 미술』, 노성두 역, 미술문화, 2008.
· 다크마어 페겔름,『I, Raffaello』, 이경아 역, 예경, 2009.
· 루차 아퀴노 외,『레오나르도 다 빈치』, 김영선 역, 예경, 2008.
· 양민영,『서양미술사를 보다』, 리베르스쿨, 2013.

· 윤익영,『카라바조』, 도서출판 재원, 2003.
· 이은기 · 김미정,『서양미술사』, 미진사, 2006.
· 이주헌,『지식의 미술관』, 아트북스, 2009.
· 정규영,『문명의 안식처, 이집트로 가는 길』, 르네상스, 2004.
· 조지 하트,『이집트 신화』, 이응균 · 천경효 역, 범우사, 1999.
· 존 그리피스 페들리,『고대의 재발견 그리스 미술』, 조은정 역, 예경, 2004.
· 존 리월드,『인상주의의 역사』, 정진국 역, 까치글방, 2006.
· 진중권,『놀이와 예술 그리고 상상력』, 휴머니스트, 2005.
· _____,『서양미술사 I』, 휴머니스트, 2008.
· 캐롤 스트릭랜드,『클릭, 서양미술사』, 김호경 역, 예경, 2010.
· 크리스토프 하인리히,『클로드 모네』, 김주원 역, 마로니에북스, 2005.
· 퍼거스 플레밍 외,『영생에의 길 이집트 신화』, 김석희 역, 도서출판 이레, 2009.
· 프랑크 죌너,『레오나르도 다 빈치』, 최재역 역, 마로니에북스, 2006.
· 피오렐라 니코시아,『모네: 빛으로 그린 찰나의 세상』, 조재룡 역, 마로니에북스, 2007.
· E. H. 곰브리치,『서양미술사』, 백승길 · 이종숭 역, 예경, 2003.

수학과 그림 사이

1판 1쇄 펴냄 2018년 2월 20일
1판 6쇄 펴냄 2024년 6월 20일

지은이 홍채영(홍성미)

주간 김현숙 | **편집** 김주희, 이나연
디자인 이현정, 전미혜
영업 백국현 | **관리** 오유나

펴낸곳 궁리출판 | **펴낸이** 이갑수

등록 1999년 3월 29일 제300-2004-162호
주소 10881 경기도 파주시 회동길 325-12
전화 031-955-9818 | **팩스** 031-955-9848
홈페이지 www.kungree.com | **전자우편** kungree@kungree.com
페이스북 /kungreepress | **트위터** @kungreepress
인스타그램 /kungree_press

ⓒ 홍채영(홍성미), 2018.

ISBN 978-89-5820-513-5 03410